XGT 사용자 중심

PLC 입문

최선욱 편저

일진사

머리말

PLC(programmable logic controller)는 디지털 또는 아날로그 입출력 모듈을 통하여 로직, 시퀀싱, 타이밍, 카운팅, 연산과 같은 특수한 기능을 수행하기 위하여 프로그램 가능한 메모리를 사용하고 여러 종류의 기계나 프로세서를 제어하는 디지털 동작의 전자 장치를 말한다. 오늘날 설비의 자동화와 고능률화의 요구에 따라 PLC의 적용 범위는 확대되고 있다. 특히 공장 자동화와 FMS(flexible manufacturing system)에 따른 PLC의 요구는 과거 중규모 이상의 릴레이 제어반 대체 효과에서 현재 고기능화, 고속화의 추세로 소규모 공작 기계에서 대규모 시스템 설비에 이르기까지 적용되고 있다.

회사에서 직원들에게 PLC 관련 교육을 하면서 절실히 느낀 점은 남을 가르치려면 스스로 많은 지식을 알고 있어야 한다는 것이다. PLC를 좀 더 심층적으로 공부하기 위하여 인터넷 PLC 카페(http://cafe.naver.com/choisunuk29)를 만들어 회원들의 학습에 실질적으로 도움이 될 수 있도록 많은 노력을 하였다. 그 결과 카페에서 공부하는 분들의 호응에 힘입어 이 책을 발간하게 되었다.

이 책은 사내 강의 활동을 통해 얻은 노하우를 살려 PLC 초보자도 쉽게 익히고 따라 할 수 있도록 구성하였다. 첫째, 각 명령어의 개념을 완전히 이해하고, 그 개념을 토대로 많은 예제를 실습하여 체계적인 학습을 할 수 있도록 하였다. 둘째, PLC 관련 공부를 하는 학생과 산업 현장에서 PLC 프로그래밍 초보자들이 꼭 알아두어야 할 기초 개념 및 실무 이론을 알기 쉽게 설명하였다. 셋째, PLC를 초급, 중급, 결선, 시뮬레이터로 나누어 단계별로 배울 수 있도록 구성하였다.

이 책은 PLC에 대해 전혀 모르는 사람도 A, B접점부터 시작하여 자기 유지를 배우며 나중에는 스스로 PLC 프로그래밍과 결선을 할 수 있도록 쉽고 자세하게 설명되어 있어 PLC 초보자와 실무자 모두에게 큰 도움이 될 것이라 확신한다. 끝으로 이 책이 나오기까지 많은 도움을 주신 카페 회원 고향사랑 님, 전자병원 님, 울산유공압 님께 고마운 마음을 전하며, 아울러 출판에 힘써 주신 도서출판 일진사 여러분께 감사드린다.

최선욱(choisunuk29@gmail.com) 씀

CONTENTS
차 례

PART ③   PLC 결선   133

PART ④   시뮬레이터 사용   251

초급 명령어

1 프로그램 다운받기

01 아래와 같이 포털 검색 사이트에서 'LS산전'을 입력하고 검색을 한다.

02 아래와 같은 화면이 나오면 'LS산전'을 클릭하여 홈페이지로 들어간다.

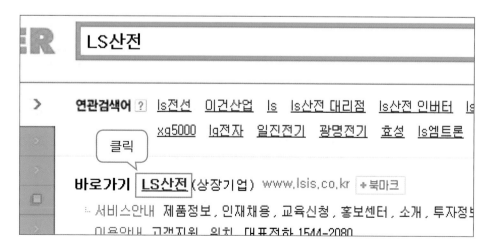

03 LS산전 홈페이지에서 고객 지원 → Download 자료실을 클릭한다.

04 아래와 같이 XG5000을 입력한 후 검색을 클릭한다.

05 아래와 같은 내용이 나오면 수정일을 확인하고 그중 최신 수정일의 제목을 클릭한다.
아래 화면에는 [XGB] XG5000 V4.08 – 20016.5 (국문/영문)이 최신 버전이다.
＊XGB, XGT 사용 가능한 공용 프로그램이다. 클릭하면 관련 설명이 나온다.

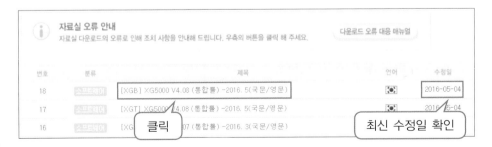

06　화면 아래를 보면 첨부 파일이 두 개가 있는데 하나는 영문 버전이고, 하나는 국문 버전이다. XG5000_V4.08 뒤가 En이면 영문, Kr이면 국문이다. 국문 버전을 클릭한다.

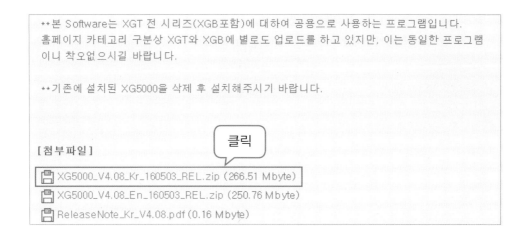

07　클릭하여 아래와 같은 문구가 나타나면 저장을 클릭한다.

　　* 이 책에서는 윈도7을 사용하였다. 윈도 버전이 다르다면 각자 알아서 저장해 보자.

08　다운로드가 완료되면 폴더 열기를 클릭한다.

09　XG5000_V4.08_Kr_160503_REL.zip (266.51 Mbyte) 파일이 있으면 다운로드가 완료된 것이다. 이 파일은 압축이 되어 있으므로 압축을 풀어 보자.

10 파일에 오른쪽 마우스 버튼을 클릭하여 아래와 같이 팝업 메뉴가 나타나면 압축 풀기를 선택한다.

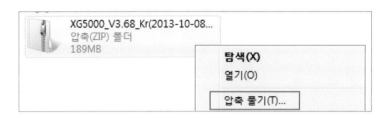

11 아래와 같이 나오면 다시 압축 풀기를 클릭한다.

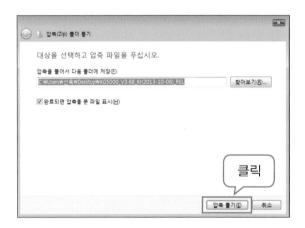

12 압축이 풀어지고 있는 중이다.

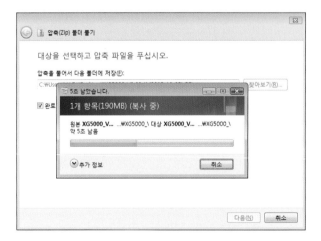

13 압축이 다 풀어지고 아래와 같은 파일이 나오면 왼쪽 마우스 버튼으로 더블 클릭한다.

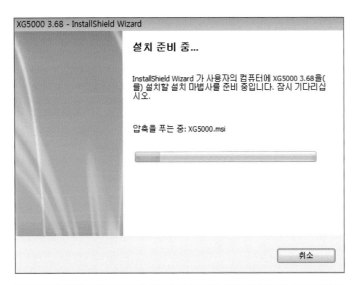

14 아래와 같은 순서대로 진행 창에 나온 설명에 따라 진행한다.

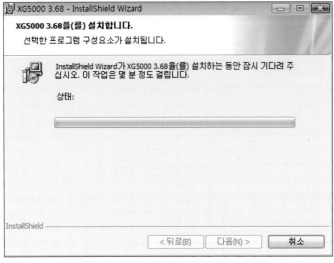

설치가 완료되면 마침을 클릭한다.

15 아래와 같이 윈도 바탕 화면에 아이콘이 나오면 아이콘을 더블 클릭해 보자.

16 아래와 같이 XG5000 프로그램 창이 나오면 정상적으로 설치가 끝난 것이다.

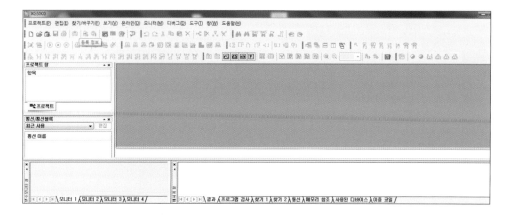

PLC에는 LS산전의 MASTER-K, XGT, GOLFA 및 미쓰비시의 MELSEC 시리즈, 옴론(오므론), 후지, 지멘스 등 여러가지 기종이 많이 있다. 이 모든 기종을 마음대로 사용할 수 있다면 좋겠지만 PLC를 모르는 사람들 대부분은 힘들다고 생각할 것이다.

하지만 PLC들은 서로 비슷한 점들이 아주 많아서, 한 가지 기종을 열심히 공부한다면 다른 기종의 PLC도 수월하게 사용할 수 있다.

2 스위칭 동작

PLC를 공부하기 전에 간단한 스위칭 동작을 설명하겠다. 이는 아주 중요하고 이 내용을 알아야 PLC를 사용할 수 있다.

01 다음 내용은 초등학교 또는 중학교 때 과학이나 기술 시간에 배운 것이다. 아래 그림을 보면 현재 램프에는 불이 들어와 있지 않다. 이것은 스위치가 연결되어 있지 않기 때문이다.

콘센트에서 전기선 두 가닥이 나가 이 중 한 개는 스위치로, 나머지 한 개는 램프로 들어가고 있는데 여기서 중요한 것은 스위치가 연결되어 있지 않아 불은 들어와 있지 않지만 램프에는 전기 한 개가 계속 흘러 들어가고 있다는 것이다.

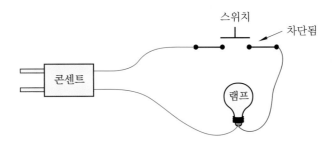

02 다음 그림에서처럼 스위치를 누르면 스위치가 전기선에 연결되어 나머지 전기가 스위치를 통과해서 램프가 작동하게 된다.

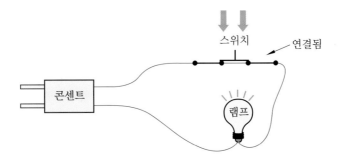

03 위에서 설명한 것이 전기 기기의 기본 동작인 스위칭 동작이다. 릴레이 제어, PLC 제어 등 모든 전기 컨트롤 동작은 이 스위칭 동작을 기본으로 움직인다.

전기 두 개가 램프에 들어가야 동작하는 것을 이용하여 한쪽에 스위치를 부착하여 전기를 두 개 흘려보내거나, 한 개를 흘려보내는 스위칭 동작을 앞으로 PLC를 공부하기 위해서 확실히 이해해야 한다.

3   A접점, B접점

A접점, B접점은 전기 시퀀스 제어나, PLC 제어를 하기 위해 꼭 알아야 하는 내용이다. 산업 현장에서 기계를 관리하는 사람 중에 설비가 전기적으로 고장 나면 전기 담당자들이 와서 수리할 때 A접점이 어떻고 B접점이 어떻고라고 이야기하는 것을 대충 들어 보았을 것이다. 바로 그것에 대한 내용이다.

01   다음 그림은 A접점의 평상시 상태이다.

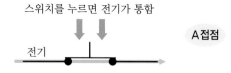

이때 스위치를 누르면 아래 그림과 같이 전기가 **통과**한다.

02   다음 그림은 B접점의 평상시 상태이다.

이때 스위치를 누르면 아래 그림과 같이 전기가 **차단**된다.

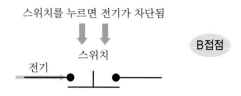

03   A접점은 평상시에는 전기가 대기 중인 상태에서 → 스위치를 누르면 다리가 연결
     되어 전기가 흐르는 것이고, B접점은 평상시에는 전기가 흐르는 상태에서 → 스위
     치를 누르면 다리가 끊어져 전기가 차단되는 것이다.

일상생활에서 사용하는 키보드, 마우스 버튼, 형광등 스위치, 자판기 스위치 등 대부분
이 A접점 스위치를 사용하고 있다. B접점은 일상생활에서는 잘 볼 수 없지만, 산업 현장
설비의 비상 정지 스위치, MC, 릴레이 등에서 볼 수 있다.

A접점은 평상시 열린 접점, NORMAL OPEN, NO(엔오)라고 하고, B접점은 평상시 닫
힌 접점, NORMAL CLOSE, NC(엔시)라고 한다. 같은 뜻을 나타내는 용어이니 알고 있
으면 전기에 관련하여 상대방과 대화할 때 유용하다.

4   디바이스 순서

디바이스 순서는 PLC 프로그래밍 및 결선을 하기 위해서 꼭 이해하고 넘어가야 한다.

중요한 부분이므로 처음에 이해가 안 되면 다시 읽어서 꼭 이해하고 넘어가자. 이 부분을 이해하지 못하면 PLC 프로그래밍을 할 수 없다.

우선 디바이스 순서를 설명하기에 앞서 카드 꽂는 법과 16진수에 대해 설명하겠다.

01   아래 사진은 LS산전의 XGT PLC이다. 이 PLC는 모듈 형식으로 입력, 출력 카드(모듈)를 여러 개로 사용할 수 있다.

아래 사진을 보면 비어 있는 자리가 있다. 나중에 다른 카드를 장착할 수 있게 여유 있는 베이스를 구매해 현재는 비어 있는 것이다.

POINT

PLC를 처음 공부하는 사람은 LS산전의 MASTER-K 시리즈 PLC부터 시작하면 좋을 것이다.
MASTER-K 시리즈 PLC는 저렴하고 중고 제품도 많이 나와 있어 실습하면서 공부하기에 좋다.

02 아래 표시대로 왼쪽부터 [전원부] – [CPU부] – [입력부] – [출력부] – [A/D변환
부] 순서로 꽂혀 있다.

전원부와 CPU부는 항상 위의 사진과 같은 위치에 있어야 한다.

그리고 입력부 한 개, 출력부 한 개, A/D 변환부 한 개의 순서로 꽂혀 있는데, 이들
은 순서에 상관없이 꽂혀도 된다. 예를 들어 [A/D 변환부] – [출력부] – [입력부]의
순서로 꽂혀도 된다. 또 베이스에 꽂을 자리만 있다면 입력 카드가 세 개, 출력 카
드가 다섯 개, 이런 식으로 사용할 수 있다.

보통 프로그래밍의 편의를 위하여 입력 카드는 입력 카드끼리 순서대로 꽂고, 출
력 카드도 출력 카드끼리 순서대로 꽂는다. [입력 카드] – [출력 카드] – [입력 카
드] – [출력 카드], 이런 순서대로 꽂는다면 나중에 프로그래밍할 때 헷갈리기 쉽다.

우선 아래 사진에서 아주 간단하게 입력 카드와 출력 카드를 구분하는 방법은 글자
색으로 구분하는 것이다. 입력 카드는 위쪽에 영어로 인쇄된 글자가 파란색이고,
출력 카드는 주황색이다.

03 PLC 프로그래밍을 하다 보면 P, M, T, C와 같은 명령어를 많이 사용하게 된다. 명령어 각각의 뜻은 다음과 같다.

- P = 입력 또는 출력
- M = PLC 내부 릴레이
- T = 타이머
- C = 카운터

04 PLC 프로그래밍을 할 때 명령어는 16진수를 사용한다. 10진수는 사람이 일상에서 사용하는 0부터 9까지 열 개의 수를 사용하고, 2진수는 0 과 1, 이렇게 두 가지 수만 사용한다. 16진수는 0에서 F까지이며, 10진수와 비교해 보면 아래와 같다.

10진수	0	1	2	3	4	5	6	7	8	9	10	11	12	13	14	15
16진수	0	1	2	3	4	5	6	7	8	9	A	B	C	D	E	F

위와 같이 16진수에서는 9가 넘어가면 10부터는 알파벳으로 A~F까지 표시한다. 이렇게 열여섯 개의 숫자를 사용하는 것을 16진수라고 한다. 가끔 16진수면 16까지 아닌가 하는 의문을 갖는 분들이 있는데, 0부터 시작하기 때문에 15까지 해야 열여섯 개의 숫자가 되는 것이다. 위의 표에서 열여섯 개가 맞는지 확인해 보자.

05 이제 디바이스 순서에 대해 알아보자.

PLC 프로그래밍을 하다 보면 P0000, P0001, P0040, P002F, P003A 이런 식으로 입력을 하게 된다. P는 앞서 설명했듯이 입력 또는 출력이라는 뜻이다. 그러면 이 명령어 P가 어떻게 입력인지, 출력인지에 대해 알아보자.

아래 사진은 [전원부]와 [CPU부]를 제외하였다.

첫 번째 꽂혀 있는 카드는 0번 입력 카드이다.

두 번째 꽂혀 있는 카드는 1번 출력 카드이다.

세 번째 꽂혀 있는 카드는 2번 A/D 변환 카드이다.

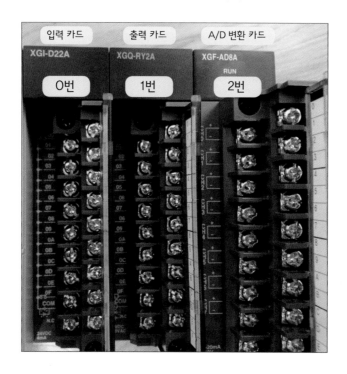

번호는 16진수에 따라 0부터 시작한다. 즉, 첫 번째로 꽂혀 있는 입력 카드는 1번이 아니라 0번 카드라는 말이다. 그럼 여기서 왜 번호가 중요할까? P0002 명령어를 나누어 설명하면 P0002는 원래 P와 000, 2로 나누어진 명령어이다. P는 입력 또는 출력이라는 뜻이고, 000은 몇 번 카드, 2는 몇 번 단자(접점)라는 뜻이다.

이를 해석해 보면 P0002는 → 0번 카드의 2번 접점을 나타내는 말인데, 0번에 꽂혀 있는 카드는 입력 카드이므로 P0002는 → 0번 입력 카드의 2번 접점을 말하는 것이다.

P001D는 나누어 보면 P와 001, D이고, 001은 1번 카드를 나타내는 것이고 위의 사진에서 1번 카드에는 출력 카드가 꽂혀 있어 P001D에서 P 명령어는 출력을 뜻한다.

마지막 D는 16진법에 따라 13번 접점을 뜻한다.

접점은 전기선에 물리는 단자를 말하는데 입력, 출력 카드에는 공통 단자 COM과 NC 단자를 제외하면 총 열여섯 개의 단자가 있다. 위에서부터 0번 접점, 1번 접점 등으로 내려오는데 접점 관련 설명은 결선에서 할 것이다.

06 다시 한 번 연습해 보자.

[P0019] 1번 카드를 말하며, 1번 카드는 꽂혀 있는 순서로 보았을 때 두 번째 꽂혀 있는 카드를 뜻하고, 두 번째에 꽂혀 있는 카드는 출력 카드이므로 여기서 사용한 P는 출력 명령어이고, 9번 단자를 말한다.

[P000C] 0번 카드를 말하며, 0번 카드는 꽂혀 있는 순서로 보았을 때 첫 번째 꽂혀 있는 카드를 뜻하고, 첫 번째에 꽂혀 있는 카드는 입력 카드이므로 여기서 사용한 P는 입력 명령어이고, 12번 단자를 말한다.

07 아래 그림을 보고 예제를 풀이해 보자.

입력 카드	출력 카드	출력 카드	입력 카드	입력 카드

❶ P003D의 P는 입력, 출력 중 어떤 것일까?

❷ P0060의 P는 입력, 출력 중 어떤 것일까?

❸ P0010의 P는 현재 출력을 말하는데 입력 P로 바꾸려면 어떻게 해야 할까?

❹ P0033을 자세하게 설명해 보라.

🔑풀이

① 나누어 보면 P · 003 · D이므로 3번 카드를 말하고, 순서대로 보면 3번 카드는 네 번째 카드이므로 P는 입력이다.

② 위의 그림에는 다섯 개의 카드만 꽂혀 있다. P0060에서 006은 6번 카드로 일곱 번째 카드를 뜻하기 때문에 아무것도 아니다.

③ 출력 카드를 빼내고 그 자리에 입력 카드를 꽂는다.

④ 나누어 보면 P · 003 · 3이므로 003은 3번 카드로 네 번째 꽂혀 있는 카드를 말하고, 네 번째에는 입력 카드가 꽂혀 있기 때문에 여기서 사용한 P는 입력이고 3번 접점을 말한다.

5   A, B접점 / 입출력 입력하기

01   지금부터 실제로 프로그래밍을 해 보겠다. 처음에 배운 대로 XG5000 프로그램을 화면에 띄워 보자.

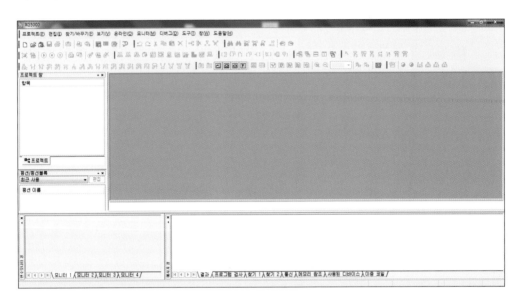

02   왼쪽 상단 프로젝트 탭에서 새 프로젝트를 클릭한다.

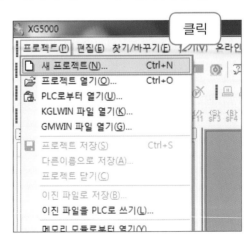

03 아래 그림과 같이 화면이 나오면 프로젝트 이름을 입력하고 확인을 클릭한다.

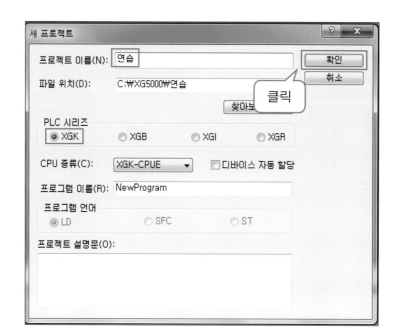

프로젝트 이름은 나중에 프로그래밍한 것을 저장하고 쉽게 구분하기 위한 이름표
이다. 현재는 연습하는 것이기 때문에 우선 아무 글자나 입력하면 된다.

04 아래 화면과 같이 나오면 이제 프로그래밍을 할 수 있는 상태가 된 것이다. 하지만
화면이 너무 작은 것 같으므로 창을 넓혀 보자.

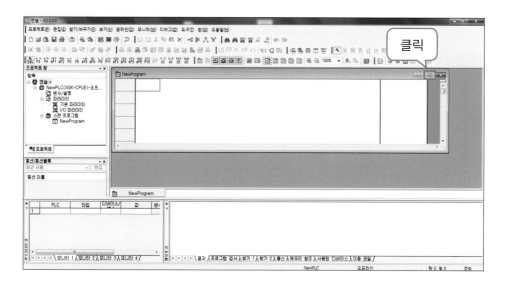

05   이제 화면이 좀 더 넓어졌다.

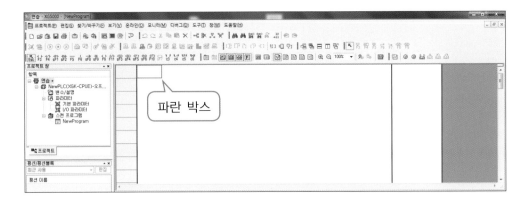

06   아래 그림과 같이 파란 박스가 왼쪽 위로 갈 수 있게 마우스로 클릭하거나, 키보드의 방향키를 눌러 파란 박스를 왼쪽 상단에 위치시킨다.

07   왼쪽으로 너무 지나가서 아래 그림과 같이 회색으로 표시되면 한 칸 오른쪽으로 옮겨 놓자.

08 컴퓨터 키보드의 F3 키를 누른다.
아래 화면과 같이 나오면 변수/디바이스 입력란에 아래와 같이 P0000을 입력한 후 확인을 클릭하거나 키보드의 Enter 키를 누른다.

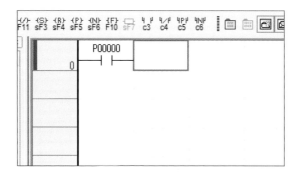

09 아래와 같이 나오면 된다.

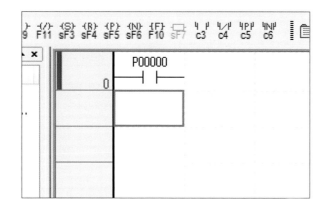

10 방향키를 이용하여 파란 박스를 아래 그림과 같이 위치시킨다.

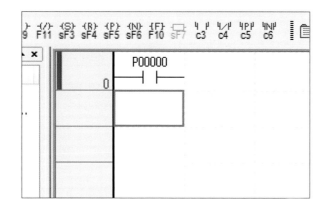

11 키보드의 F4 키를 눌러 이번엔 P0002를 입력한 후 확인 또는 Enter 키를 누른다.
그럼 아래와 같이 나온다.

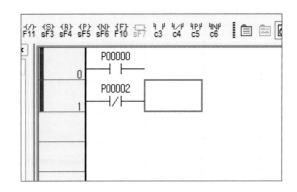

12 키보드의 F3 키는 PLC 프로그램상의 단축키로 **A접점**을 입력한다는 뜻이고, F4 키
는 **B접점**을 입력한다는 뜻이다. 프로그램상의 A접점과 B접점의 모양이 서로 다른
것을 알 수 있다.
A접점 : ─┤├─
B접점 : ─┤/├─

13 이제 출력을 입력해 보자.
파란 박스를 아래 그림과 같이 위치시킨다.

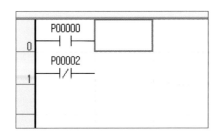

14 F9 키를 눌러 P001F를 입력한 후 확인 또는 Enter 키를 누른다.

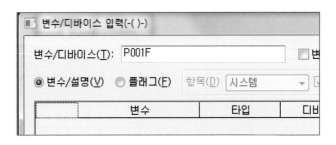

15 아래와 같이 나온다.

```
       P00000                                        P0001F
    0 ──┤ ├────────────────────────────────────────( )──
       P00002
    2 ──┤/├──┐
            └─┘
```

16 이제 B접점 P0002 옆에 출력 P001A를 입력해 보자. 아래 그림과 같이 나오면 된다.

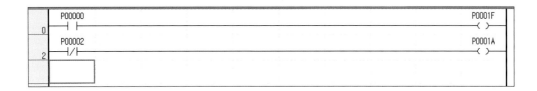

17 이제 PLC 기본 프로그래밍인 A접점, B접점 입력 및 출력을 입력하였다.

이해를 돕기 위해 한 가지 규칙을 정한다.

─┤ ├─ A접점은 '끊어진 다리'라고 한다.

─┤/├─ B접점은 '연결된 다리'라고 한다.

이 다리는 사람이 다니는 것이 아니라 강물이 지나가는 다리이다.

그리고 PLC 프로그램을 보면 세로로 연결된 선 두 개가 있다.

이 세로로 된 두 선에는 강물이 흘러가고 있다.

강물   강물

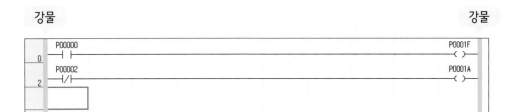

가로로 된 선은 강물이 흘러가는 파이프이다.

```
       P00000                                        P0001F
    0 ──┤ ├────────────────────────────────────────( )──
       P00002                                        P0001A
    2 ──┤/├──┐                                      ( )──
            └─┘
```

18 ⊣ ⊢은 PLC 출력 기호이다. 이것은 강물이 왼쪽, 오른쪽 양쪽에서 들어와야 동작
    할 수 있다. 스위칭 동작을 설명하면서 전기 두 개가 들어가야 램프가 동작한다고
    설명하였는데 그것과 같은 개념이다.

19 아래 그림에서 출력 두 개 P001F, P001A는 오른쪽에서 강물이 계속 들어오고 있는
    상태이다. P0002는 B접점이기 때문에 평상시에는 다리가 연결되어 있어 왼쪽 강물
    이 흘러간다. 앞서 설명하였듯이 출력은 강물이 왼쪽, 오른쪽 양쪽에서 들어오면 동
    작하므로 아래 그림을 보면 출력 P001A는 동작 중인 상태이다.

20 출력 P001F는 오른쪽에서는 강물이 들어오고 있지만 왼쪽 강물은 A접점 P0000의
    다리가 끊어져 있기 때문에 동작을 못하고 있다.

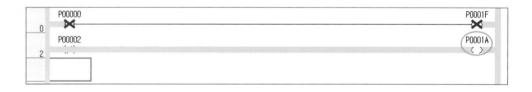

21 입력 A접점 P0000이 동작을 하면 다리가 연결된다. 그림 왼쪽에서 흐르던 강물이
    P0000 다리를 건너 흘러가게 되고, 출력 P001F는 양쪽에서 강물이 들어오기 때문
    에 동작을 하게 된다.

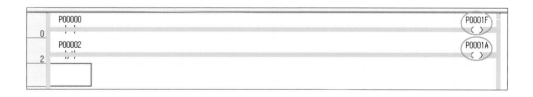

22 입력 P0002가 B접점이어서 강물이 계속 들어가 출력 P001A는 동작 중이었다. 이
때 입력 B접점 P0002가 동작을 하게 되면 A접점과는 반대로 다리가 끊어진다. 그
래서 왼쪽 강물이 들어가지 못해 출력 P001A는 동작을 못하게 된다.

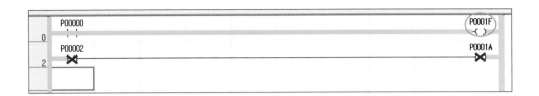

> **POINT**
>
> • A접점은 동작하면 다리가 연결됨, 동작 안 하면 다리가 끊어진 상태
> • B접점은 동작하면 다리가 끊어짐, 동작 안 하면 다리가 연결된 상태

23 그럼 이제 머릿속으로 그려 보자.

조건

| 모터 스위치 : P0001 | 램프 스위치 : P0002 |
| 모터 : P0030 | 빨간 램프 : P003F |

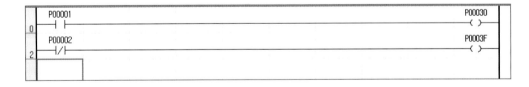

조건대로 프로그래밍하면 PLC에 전기를 넣자마자 빨간 램프에 불이 들어오고 모터
는 가동하지 않는다.

프로그램상에서 P0002를 B접점으로 연결하였기 때문에 바로 강물이 흘러 들어가
서 P003F가 동작하여 빨간 램프에 불이 들어온 것이다.

이때 램프 스위치를 누르면 프로그램상의 B접점 P0002가 동작하여 다리가 차단되
면서 출력 P003F가 정지하고 빨간 램프가 꺼진다.

모터 스위치를 누르면 프로그램상의 A접점 P0001이 ON되어 다리가 연결되고 → 왼
쪽 강물이 A접점 P0001 다리를 통과 → 출력 P0030이 동작하여 모터가 가동된다.

조건

입력부

시작 스위치 : P0001   감지 센서 : P0002

정지 스위치 : P0003   불량 감지 센서 : P0004

출력부

실린더 : P0040   부저 : P004F

아래 프로그램을 해석해 보자.

```
     P00001    P00002                                    P00040
      ┤ ├      ┤ ├                                      ( )
  0  시작스위치  감지센서                                    실린더
     P00003    P00004                                    P0004F
      ┤/├      ┤ ├                                      ( )
  3  정지스위치  불량감지센                                   부저
                  서
```

 풀이

❶ 다음은 초기 상태이다.

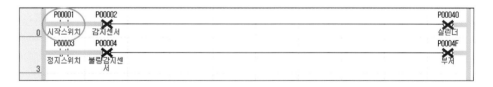

❷ 시작 스위치를 누르면 → 프로그램상의 A접점 P0001이 ON되어 다리가 연결된다.

❸ 감지 센서가 동작하면 → 프로그램상의 A접점 P0002가 ON되어 다리가 연결되어 프로그램의 출력 P0040에 강물이 흘러 들어가게 된다. → 프로그램상의 P0040이 동작하여 실린더가 동작한다.

```
     P00001    P00002                                    P00040
      ┤ ├     (┤ ├)                                    (( ))
  0  시작스위치  감지센서                                    실린더
     P00003    P00004                                    P0004F
      ┤/├      ┤✕├                                      ( )
  3  정지스위치  불량감지센                                   부저
                  서
```

④ 프로그램상의 B접점 P0003 때문에 다리가 연결되어 있다. 하지만 A접점 P0004 때문에 강물이 막혀 있다.

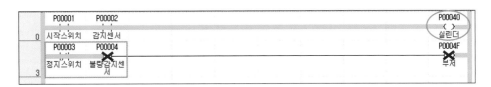

⑤ 불량 감지 센서가 동작하면 → 프로그램상의 A접점 P0004가 동작하여 다리가 연결되고 → 강물이 프로그램상의 P004F와 만나 P004F가 동작하여 부저가 울리게 된다.

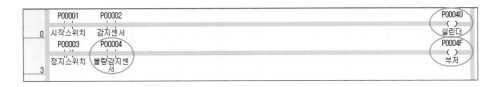

⑥ 정지 스위치를 누르면 → 프로그램상의 B접점 P0003의 다리가 끊어지고 → P004F에 강물이 들어가지 못해 부저가 정지하게 된다.

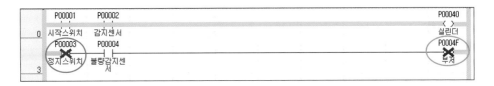

POINT

- ―┤├― A접점, 평상시 끊어진 다리, 어떠한 동작을 하면 연결된다.
- ―┤/├― B접점, 평상시 연결된 다리, 어떠한 동작을 하면 끊어진다.
- ―< >― 출력(출력 코일)은 강물이 양쪽에서 들어오면 동작한다(오른쪽에서는 계속 강물이 들어오고 있음).
- PLC 프로그램의 도면을 래더도(Ladder Diagram)라고 한다.
- 릴레이 제어의 도면을 시퀀스도(Sequence Diagram)라고 한다.

6 | 자기 유지 1

자기 유지 프로그래밍 전에 스위치와 입출력에 대해 알아보자.

01 푸쉬 버튼 스위치

스위치를 손으로 눌러야 신호가 발생한다(전기 연결).
스위치에서 손을 떼면 신호가 정지한다(전기 차단).
스위치 내부에 스프링이 있어 눌렀다 떼면 스위치가 올라와 복귀된다.
스위치를 누르면 A접점은 연결되고(ON), B접점은 끊어진다(OFF).

02 실렉트 스위치

스위치를 돌리면 신호가 발생한다. 이때 푸쉬 버튼과 다른 점은 한 번 돌려놓으면
계속 유지된다는 것이다. 스위치를 반대로 돌리면 신호가 정지된다.
스위시를 돌리면 A접점은 연결되고(ON), B접점은 끊어진다(OFF).

실렉트 스위치는 현장에서 Select Switch, 세렉타 스위치, 씨렉트 스위치 등으로도
쓰인다. 모두 다 같은 말이다.

03 프로그래밍을 하거나 전기 제어를 하다 보면 입력과 출력이라는 말을 많이 하게 된다.
입력 = INPUT 또는 IN
출력 = OUTPUT 또는 OUT
입력과 출력을 합쳐서 I/O(아이오)라고 한다.

04 입력 기기의 종류에는 스위치, 센서, 플로트 스위치, 실린더 자계 검출 센서, 풋 스위치, 키보드, 마우스 등이 있는데, 보통 입력 기기는 어떠한 신호를 감지하고 보내기 위한 것들이다.
출력 기기의 종류에는 모터, 램프, 형광등, 부저, 솔(솔레노이드) 밸브, 모니터, 스피커 등이 있으며, 보통 출력 기기는 어떠한 동작을 위한 것들이다.

05 스위치 중에는 자기 유지가 되는 스위치가 있다. 말 그대로 자기 혼자 유지를 하는 스위치를 말한다. 실렉트 스위치와 비상 정지 스위치가 대표적이며, 이 스위치는 한 번 돌려놓으면 사람이 손을 쓰지 않아도 계속 유지된다. 반대로 푸쉬 버튼 스위치는 손으로 눌러 주어야 그 동작이 지속된다.

자기 유지 프로그래밍을 이용하여 푸쉬 버튼 스위치를 한 번만 눌렀다 떼었을 때 동작이 유지되는 방법을 프로그래밍해 보자.

06 먼저 PLC 프로그램을 실행하여 A접점 P0001과 출력 P0030을 입력한다.

조건	
입력 푸쉬 버튼 A접점 : P0001	출력 모터 : P0030

```
   P00001                                                          P00030
0  ┤├                                                              ─( )─
   푸쉬버튼                                                           모터
```

07 다음은 A접점 P0001 아래에 A접점 P0030을 입력한다.

```
   P00001                                                          P00030
0  ┤├                                                              ─( )─
   푸쉬버튼                                                           모터
   P00030    ┌─────────┐
2  ┤├       │         │
   모터      └─────────┘
```

08 파란 박스를 P0001 옆으로 옮겨 준다.

```
        P00001
   0    푸쉬버튼                                                    P00030
        ┤ ├                                                      ─( )─
        P00030                                                     모터
   2    ┤ ├
        모터
```

09 키보드 F6 키를 눌러 준다.

```
        P00001                                                   P00030
   0    푸쉬버튼                                                   ─( )─
        ┤ ├                                                       모터
        P00030
        ┤ ├
        모터
```

10 자기 유지 프로그래밍이 완료되었다.

프로그래밍을 설명하기 전에 알아둬야 할 중요한 내용이 있다. 출력 P0030을 A접
점 P0030에도 사용하였다. 프로그램상에서는 F9 키를 사용하여 P0001을 출력에
넣어도 되고, 출력 P0030을 A접점이나 B접점에 넣고 사용해도 된다. 대신 PLC를
결선할 때는 불가능하다. 프로그램상에서만 가능하다.

또 프로그램상에서는 P0001과 같은 접점을 수십, 수백 개를 입력할 수도 있다. 이
렇게 입력하면 P0001이 동작할 때 프로그램상의 모든 P0001이 동작하게 된다.

11 다음은 초기 상태이다.

12 푸쉬 버튼을 누른다. → 프로그램상의 A접점 P0001이 동작하여 다리가 연결된다.
→ 이제 강물이 들어가 P0030이 동작하여 모터가 구동한다.

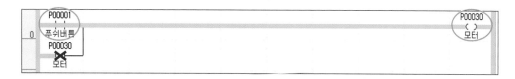

13 프로그램상의 P0030이 동작하여 → 모든 P0030이 동작하게 된다. → 그래서 A접점 P0030이 동작하여 다리가 연결된다.

14 이제 푸쉬 버튼에서 손을 놓는다.

푸쉬 버튼에서 손을 놓으면 → 프로그램상의 A접점 P0001이 동작을 안 하게 되어 다리가 차단된다. 하지만 A접점 P0030이 ON되어 다리가 연결되어 있으므로 → 강물이 흘러 들어가 출력 P0030이 동작하게 되고 → 출력 P0030이 동작하게 되어 → A접점 P0030이 동작하게 되고 이렇게 물리고 물려서 자기 유지가 완성된다.

이제 푸쉬 버튼을 눌렀다 손을 떼도 모터는 계속 돌아가게 된다.

15 다음은 프로그램상의 단축키이다.

- F3 : A접점
- F4 : B접점
- F5 : 가로선
- F6 : 세로선
- F9 : 출력
- F10 : 응용 명령어(타이머, 카운터 등)

16 자기 유지를 알고 나면 이제 한 가지 의문점이 생길 수 있다. 실렉트 스위치를 쓰면 자기 유지 프로그램을 안 해도 되는데 왜 번거롭게 푸쉬 버튼을 사용하여 자기 유지를 하는지 궁금할 것이다. 거기에는 몇 가지 이유가 있다.

① 설비를 가동하던 중 정전이 발생하였다. 이때 설비 담당자가 와서 설비 안에 남아 있던 제품을 수거하려고 한다. 그런데 갑자기 전기가 들어와 설비가 가동하여 담당자가 사고를 당한다. 이와 같이 실렉트 스위치처럼 자기 유지형 스위치를 사용할 경우 정전 발생 시 설비는 정지했다 다시 전기가 들어오면 즉시 동작하게 된다. 하지만 푸쉬 버튼을 사용하여 자기 유지 프로그래밍을 하였다면 정전 발생 시 PLC 전원이 꺼지고 프로그래밍이 초기화되어 다시 스위치를 눌러 주지 않는 이상 설비는 가동하지 않는다.

② 10HP짜리 모터가 수십 대 있다고 가정해 보자. 정전 후 다시 전기가 들어올 때 실렉트 스위치라면 당연히 즉시 동작한다. 이때 10HP짜리 모터 수십 대가 동시에 작동한다면 순간 전류가 부족하여 모터에 문제가 발생한다.

7 자기 유지 2

이번에는 간단한 도면으로 자기 유지 차단과 자기 유지에 대해 좀 더 알아보자.

조건

시작 스위치 : P0000   정지 스위치 : P0001   모터 : P0030

01 위의 조건에 따라 시작 스위치를 눌렀을 때 모터가 가동되는 자기 유지 회로를 입력해 보자.

02 이제 A접점 P0000 옆에 B접점 P0001을 입력해 보자.
아래 화면과 같이 나오면 된다.

03 다음은 초기 상태이다.

04   시작 스위치를 누르면 → A접점 P0000이 연결되고 → 출력 P0030이 동작한다. →
출력 P0030이 동작해서 모터가 가동된다.

05   출력 P0030이 동작해서 → 프로그램상의 모든 P0030이 동작한다(A접점은 ON, B
접점은 OFF). → 그래서 A접점 P0030이 ON된다. → A접점 P0030이 ON되어 자
기 유지 상태가 된다.

06   시작 스위치에서 손을 떼어도 A접점 P0030이 ON되어 → 출력 P0030이 동작하고 →
출력 P0030이 ON되어 → A접점 P0030이 연결되고 이렇게 자기 유지 상태가 된다.

07   이때 정지 스위치를 누르면 → P0001이 ON되어 프로그램상의 B접점 P0001이 동
작해 다리가 차단된다. → 왼쪽 강물이 지나가는 다리가 차단되어 출력 P0030이
정지하여 모터가 가동되지 않는다.

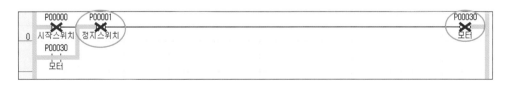

08   출력 P0030이 정지하면 → A접점 P0030도 OFF되어 결국 자기 유지는 풀려 버린다.

```
      P00000    P00001                                                      P00030
      ──╳──    ──╱──                                                      ──╳──
 0    시작스위치   정지스위치                                                   모터
      P00030
      ──╳──
      모터
```

P, M, T, C 등의 명령어를 디바이스라고 한다.
이 디바이스명의 숫자를 읽을 때, 예를 들어 P0030은 '피삼십'이 아니라 '피공공삼공'이라고 읽고,
P0042는 '피사십이'가 아니라 '피공공사이'라고 읽는다.

예제3   조건

푸쉬 버튼 1 : P0000	푸쉬 버튼 2 : P0001
모터 1 : P0040	모터 2 : P0041

위의 조건에 따라 푸쉬 버튼 1을 눌렀을 때 모터 1, 2를 동시에 동작시키고 자기 유
지시켜 보자. 푸쉬 버튼 2를 눌렀을 때 모터 2만 정지하는 프로그램을 입력한다.

풀이

❶ 꼭 아래와 같이 프로그래밍할 필요는 없다. PLC를 프로그래밍하여 같은 동작만
할 수 있다면 다르게 해도 상관없다. 좀 더 쉽게 설명하기 위하여 다음과 같은
프로그래밍으로 풀이해 본다.

```
      P00000                                                              P00040
      ──┤├──                                                             ──( )──
 0    푸쉬버튼1                                                             모터1
      P00040
      ──┤├──
      모터1
      P00040    P00001                                                    P00041
      ──┤├──    ──╱──                                                    ──( )──
 3    모터1      푸쉬버튼2                                                   모터2
      P00041
      ──┤├──
      모터2
```

❷ 다음은 초기 상태이다.

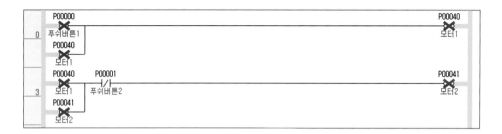

❸ 푸쉬 버튼 1을 누르면 → P0000이 ON되어 프로그램상의 A접점 P0000이 ON
된다. → 그러면 출력 P0040이 동작하고 → 프로그램상의 모든 A접점 P0040도
ON된다. 현재 이 프로그램에는 A접점 P0040이 두 개 있고, 모두 ON되어 있다.

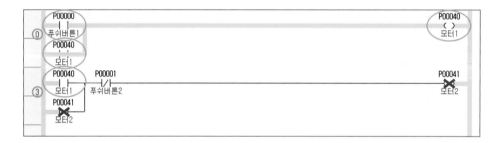

POINT

프로그램상의 세로로 된 선을 보면 0이란 숫자와 3이란 숫자가 보일 것이다. 이는 스텝이라 하며 0
스텝, 3스텝이라 읽어 구분한다. 디바이스를 몇 개 사용하였느냐는 표시이기도 하다.

❹ 3스텝의 A접점 P0040이 ON되어 → P0001은 B접점이므로 그냥 지나치고 → 출
력 P0041이 ON된다. → 출력 P0041이 ON되어 → A접점 P0041도 ON되고 →
결국 모터 1과 모터 2가 ON되어 자기 유지 상태가 된다.

POINT

프로그램에서는 푸쉬 버튼 1을 누르면 모터 1이 먼저 ON되고, 모터 2가 나중에 ON되는 것으로 보일 것이다. 하지만 PLC 프로그램은 매우 빠른 속도로 동작하기 때문에 모터 1, 2가 동시에 ON되는 것이다.

⑤ 푸쉬 버튼 2를 누르면 → P0001이 ON되어 프로그램상의 B접점 P0001이 차단되고 → 출력 P0041이 OFF되어 → 모터 2는 정지한다.

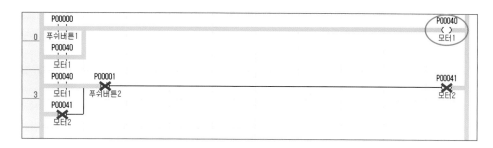

8　보조 릴레이 M 명령어

릴레이란 아래 사진과 같이 생긴 것을 말한다.

이 릴레이는 전기 두 개가 들어가면 스위치들이 붙었다 떨어졌다 하는 것이다. 푸쉬 버튼은 사람이 손으로 눌러야 A접점이 붙고, B접점이 떨어지는 동작을 한다. 하지만 릴레이는 사람의 손이 필요하지 않고 전기에 의해 스위치가 붙었다 떨어졌다 한다.

아래 사진의 릴레이에는 A접점 두 개, B접점 두 개인 스위치가 내장되어 있다.

PLC가 나오기 전에는 이 릴레이를 수십, 수백 개 장착하여 전기선을 연결해 설비를 가동시켰다.

PLC에서 릴레이란 스위치이기도 하고 출력이기도 하다.

PLC 릴레이는 보조 릴레이, 보조 접점, M 명령이라고 말한다.

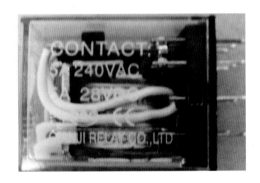

01　이제 직접 입력하면서 알아보자.

　조건

푸쉬 버튼 1 : P0000	푸쉬 버튼 2 : P0001
모터 1 : P0040	모터 2 : P0041

위의 조건에 따라 푸쉬 버튼 1을 눌렀을 때 모터 1, 2가 동작하여 자기 유지되며, 푸쉬 버튼 2를 누르면 모터 1, 2가 차단되는 프로그램을 입력한다. 이때 M 명령어를 사용해 보자. 다음 설명을 보기 전에 스스로 한번 프로그래밍해 보자.

02 아래 화면과 같지 않아도 원하는 동작만 할 수 있으면 된다.

PLC 프로그래밍에 정답이란 없다. 원하는 동작만 수행할 수 있으면 된다.

03 아래 프로그램은 초기 상태이다.

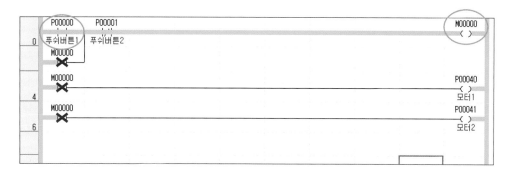

04 푸쉬 버튼 1을 누르면 → P0000이 ON되어 프로그램상의 A접점 P0000이 ON되고 → 출력 M0000이 ON된다.

05   출력 M0000이 ON되어 → 프로그램상의 모든 A접점 M0000은 ON된다.
      먼저 0스텝의 A접점 M0000이 ON되어 자기 유지 상태가 된다.

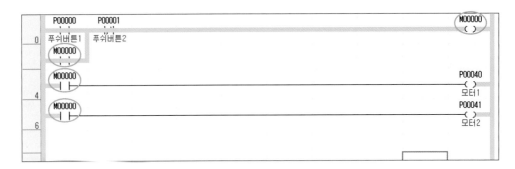

06   4스텝 A접점 M0000과 6스텝의 A접점 M0000도 ON되어 → 출력 P0040, P0041
      이 동작 → 모터 1, 모터 2가 동작하게 된다. 결국 푸쉬 버튼 1을 누르면 모터 1, 2
      가 동시에 동작하고 자기 유지 상태가 된다. → 그리고 푸쉬 버튼 2를 누르면 출력
      M0000이 OFF되어 모터가 정지된다.

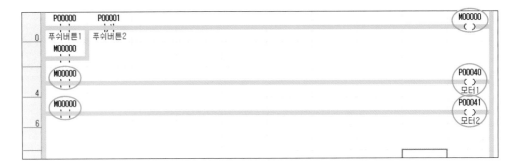

앞에서 배운 자기 유지와 다른 점은 이번에는 P0040이 바로 ON되는 것이 아니라
출력 M0000이 ON된 다음에 출력 P0040과 P0041이 동작한다는 것이다.

07   이번에 배운 M 명령어는 실제 프로그래밍을 할 때 사용하는 규칙이다. 자기 유지편
      에서 알아본 출력 P0040으로 A접점을 만들어 자기 유지를 하면 안 되는 것이다.
      그럼 왜 M 명령어를 거쳐서 해야 할까?
      그 이유는 PLC의 출력 카드가 언제라도 문제가 되어 프로그램에 영향을 줄 수 있
      기 때문이며, 또 PLC의 출력 카드를 좀 더 오래 사용하기 위해서이다. 앞으로 자기
      유지를 할 때는 꼭 M 명령어를 사용하여 위의 방법과 같이 한다.

9 인터록

이번에는 인터록에 대해 배워 보자.

인터록이란 어떤 것이 동작할 때 다른 것은 동작을 못하게 하는 일종의 보호 장치라고 할 수 있다.

조건

스위치 1 : P0000   스위치 2 : P0001   스위치 3 : P0002

모터 1 : P0040   모터 2 : P0041

위의 조건에 따라 스위치 1을 누르면 모터 1 가동 후 자기 유지

스위치 2를 누르면 모터 2 가동 후 자기 유지

스위치 3을 누르면 모터 1 또는 모터 2 정지(동시 정지가 아님)

이때 모터 1 가동 시 스위치 2를 누르면 모터 2가 동작이 안 되며, 모터 2 가동 시 스위치 1을 눌러도 모터 1이 동작되지 않게 한다.

01 다음 그림을 나름대로 해석해 보자.

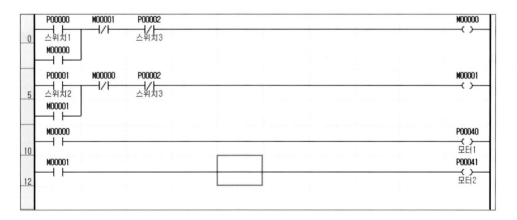

02 다음은 초기 상태이다.

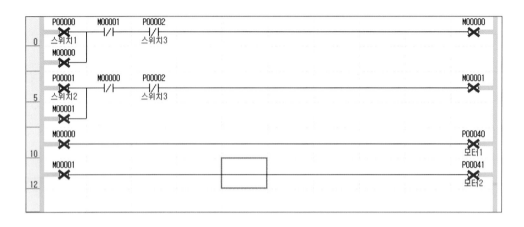

03 스위치 1을 누르면 → P0000이 ON되어 0스텝의 A접점 P0000이 동작하여 강물
이 지나간다. → B접점 M0001은 그냥 통과 → B접점 P0002도 그냥 통과 → 출력
M0000이 ON되어 프로그램상의 모든 M0000이 동작하게 된다.

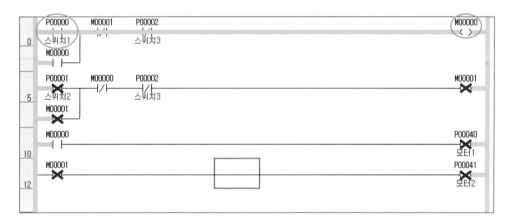

04 0스텝의 출력 M0000이 동작 → 0스텝의 A접점 M0000이 ON되어 자기 유지 → 5 스텝의 B접점 M0000은 끊어지게 된다(중요). → 10스텝의 A접점 M0000이 ON되어 → 출력 P0040이 동작하여 모터 1이 동작한다.

※ 출력 M0000이 동작함으로써 모든 A접점 M0000은 다리가 연결, 모든 B접점 M0000은 끊어지게 된다.

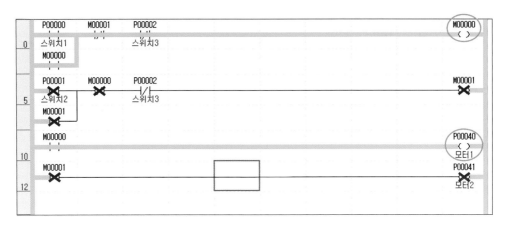

05 이때 스위치 2를 누르면 → 5스텝의 A접점 P0001은 ON되지만 → 5스텝의 B접점 M0000은 다리가 끊어져 있기 때문에 아무런 영향을 주지 못한다. 이렇게 되는 것을 인터록 회로라고 한다.

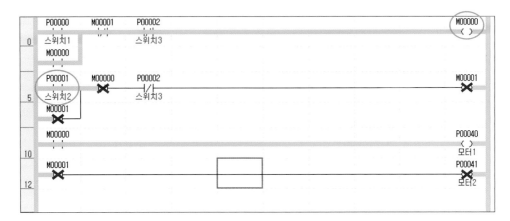

06   스위치 3을 누르면 → 0스텝 B접점 P0002가 차단되어 → 출력 M0000이 정지 →
0스텝 A접점 M0000이 차단되어 자기 유지 해제 → 5스텝의 B접점 M0000도 초기
상태로 돌아가 다리가 연결된다. → 10스텝의 출력 P0040도 정지된다.

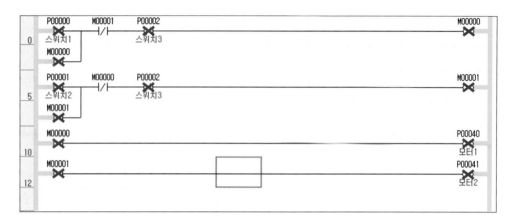

Tip

PLC 프로그램 래더도를 읽을 때는 먼저 왼쪽에서 오른쪽으로 읽고 아래로 내려간다.
그리고 끝까지 다 읽고 나면 다시 0스텝부터 시작한다.

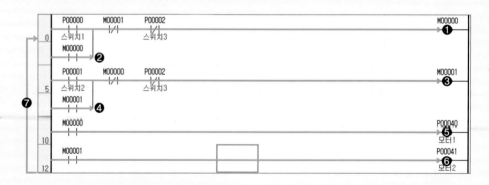

07 스위치 2를 누르면 → 5스텝 A접점 P0001이 ON되어 → 출력 M0001이 동작 → 5 스텝 A접점 M0001이 ON되어 자기 유지 → 12스텝의 A접점 M0001이 ON되어 → 출력 P0041이 동작하여 모터 2 가동 → 0스텝의 B접점 M0001은 차단되어 P0000 이 ON되어도 아무 영향을 주지 못한다.

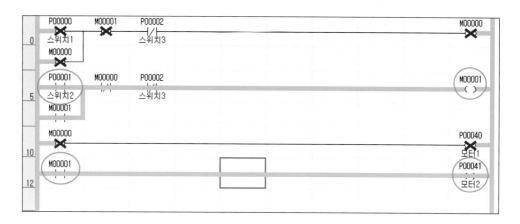

인터록 회로는 시퀀스도에서 모터를 정회전, 역회전 제어할 때 사용한다. MC 한 개로 모터를 정회전 중에 역회전시키려면 모터의 결선을 바꿔 주어야 한다. 하지만 MC 두 개 와 MC의 보조 접점을 이용하여 인터록 회로를 꾸밀 수 있다.

즉, PLC를 먼저 공부하고 나중에 시퀀스를 공부할 때 아주 쉽게 배울 수 있다. 시퀀스 에서 사용하는 도면은 우리가 공부하는 PLC 래더도를 90° 회전시킨 것과 비슷하다. 다른 점이 있다면 PLC 프로그램에서 출력을 입력한 뒤에는 직렬로 어떠한 디바이스를 넣을 수 없지만 시퀀스도에서는 출력을 연결한 뒤에 A, B접점을 넣을 수 있다. 그리고 PLC 래더 도와 시퀀스도에서 출력 뒤에 직렬로 또 다른 출력이 있을 수 없다.

ㅡㅡㅡㅡㅡㅡㅡㅡㅡㅡㅡㅡㅡㅡㅡㅡㅡ( )ㅡㅡ( )ㅡㅡ| ← 이런 식으로는 입력이 안 된다.

10 타이머

이번에는 타이머 TON 명령어에 대해 알아보자.

스위치(푸쉬 버튼) : P0000   모터 : P0040

스위치를 누르면 0.5초 뒤에 모터가 구동되고 자기 유지가 되도록 해 보자.

01   다음은 타이머를 이용한 프로그램이다.

02   위의 프로그램을 보면 처음 보는 모양이 있다.
입력하는 방법은 아래 그림과 같이 A접점을 입력한 후 파란 박스가 우측에 위치하도록 한다.

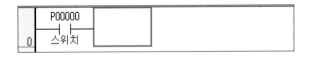

03 키보드의 F10 키를 클릭하면 아래 그림과 같이 응용 명령이란 창이 뜬다.

04 TON T000 5를 입력하고 확인 또는 Enter 키를 누른다.
 • TON : 전부 영어로 입력한다. 읽을 때는 '티오엔'이라고 읽는다.
 • T000 : T는 영어이고, 뒤에는 숫자로 '공공공'이다.

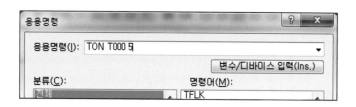

05 실행하면 다음과 같이 나온다.

 • TON : 응용 명령어 중 하나이며 ON 타이머라고 한다. 지연 타이머라고도 한다
   (응용 명령어에는 C, MOV, BSFTP, CMP 등 다양한 명령어가 있다).
 • 이 응용 명령어도 앞에서 배운 F9 출력 명령어와 마찬가지로 오른쪽에서는 강물
   이 항상 들어오고 있고, 왼쪽에서 강물이 들어오면 그때부터 동작을 시작한다.
 • T000 : TON 명령어를 사용한 동작을 지정해 주는 디바이스이다. T000, T001,
   T002~T100 등 PLC 기종마다 다르지만 보통 수백 개의 타이머를 가지고 있다.
 • 5 : 타이머 동작을 위한 설정값이다. 이때 5는 5초가 아니라 0.5초이다.

       1 : 0.1초   10 : 1초   100 : 10초   3456 : 345.6초

 이렇게 타이머는 0.1초부터 시작하게 되므로 주의한다.

몇 가지 예를 들어 본다.

- [TON T030 683] : TON이 동작하면 68.3초 뒤에 프로그램상의 모든 T030이 동작한다.
- [TON T145 1532] : TON이 동작하면 153.2초 뒤에 프로그램상의 모든 T145가 동작한다.
- [TON T008 50] : TON이 동작하면 5초 뒤에 프로그램상의 모든 T008이 동작한다.
- [TON T022 9834] : TON이 동작하면 983.4초 뒤에 프로그램상의 모든 T022가 동작한다.

06 TON 타이머를 사용할 때 주의할 점이 있다.

[TON T030 900]이라는 명령어에서 TON이 동작하여 숫자를 90초까지 세어야 T030이 동작을 하는데 숫자를 세는 중간에 TON 타이머가 OFF되어 버리면 초를 세던 TON 타이머는 초기화된다. 아주 중요한 내용이다. 01에서 프로그래밍한 것을 보면 M0000으로 자기 유지를 시켜 놓았다.

07 06에 대한 설명을 지금부터 해 보겠다.

다음은 초기 상태이다.

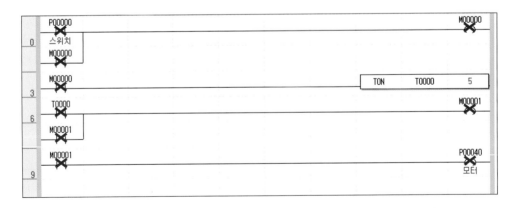

08 스위치를 누르면 → P0000이 동작해 0스텝의 A접점 P0000이 ON되어 연결되고
→ 출력 M0000이 동작 → 0스텝 A접점 M0000도 ON되어 자기 유지 → 3스텝의
A접점 M0000도 ON되어 동작하게 된다.

09 프로그램상에서 A접점 M0000은 ON되어 유지되고 있다. → 그래서 3스텝의 응용
명령 [TON T000 5]가 동작하여 → 0.5초 뒤에 T000이 동작하게 된다.

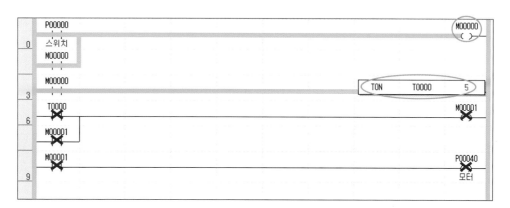

10   3스텝의 TON이 동작하여 0.5초 뒤에 6스텝의 A접점 T000이 ON되어 → 출력
M0001 동작 → 6스텝의 A접점 M0001도 ON되어 자기 유지 → 9스텝의 A접점
M0001도 ON되어 출력 P0040도 동작하여 모터가 가동한다. 즉, 스위치를 누르면
0.5초 뒤에 모터가 가동하게 되는 프로그램이다.

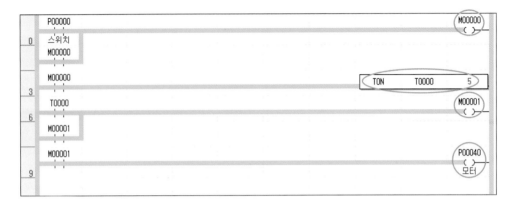

예제4 다음 프로그래밍은 타이머가 한 번 동작하면 다시 동작시킬 수 없다. 타이머의 동
작이 완료된 후 다시 타이머가 초기 상태로 될 수 있도록 해 보자.

 풀이

   ❶ 현재 타이머 동작이 완료된 상태이다.

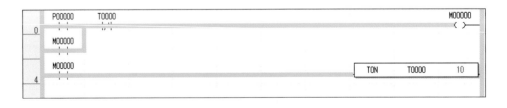

❷ 타이머가 1초 뒤에 ON되어 → 프로그램상의 모든 T000이 동작해서 → 0스텝의 B 접점 T000이 동작하여 차단시켜 버린다.

0스텝의 B접점 T000이 끊어져 자기 유지가 차단되고 → 결국 M0000이 OFF되어 타이머는 다시 초기 상태로 돌아간다. 다시 P0000이 ON되면 TON이 동작할 수 있 게 되는 것이다.

예제5

조건

시작 스위치(푸쉬 버튼) : P0000	정지 스위치(푸쉬 버튼) : P0001
불량 감지 센서 : P0002	컨베이어 모터 : P0040
불량 쳐냄 실린더 솔 밸브 : P0041(솔 밸브는 편솔이며 자동 복귀식이다)	

조건에 따라 컨베이어 구동 중 불량 제품을 쳐내는 프로그래밍을 해 보자.

시작 스위치를 누르면 컨베이어가 움직이고, 어떠한 제품이 컨베이어 위를 지나갈 때 불량 감지 센서가 불량을 감지하면 5초 뒤에 실린더가 전진하여 불량을 쳐내고, 실린더는 전진된 상태에서 1초간 유지한 후 복귀한다. 정지 스위치를 누르면 컨베 이어가 정지한다.

이 예제는 실제 현장에서 아주 많이 사용하는 것이다. 설비에 따라 조금씩은 다르 지만 원리는 같다.

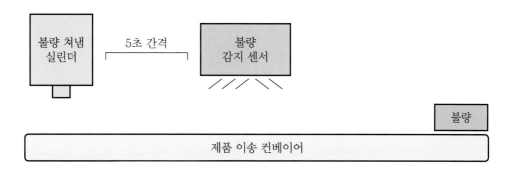

풀이

❶ 이제부터 세로로 된 큰 강물 선 두 개는 생략한다.

시작 스위치를 누르면 → 0스텝의 P0000이 ON되어 M0000이 연결되고 자기 유지 상태가 된다. M0000이 ON되어 → 18스텝의 M0000도 연결되고 P0040이 ON되어 → 컨베이어 모터가 가동된다.

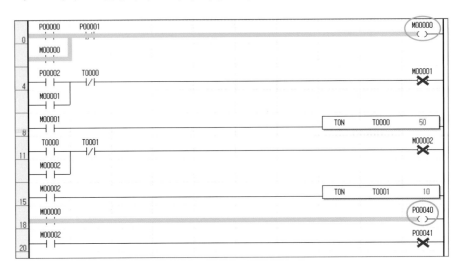

❷ 제품이 컨베이어를 타고 이송되는 중에 불량이 지나가면 불량 감지 센서가 감지 → 4스텝의 P0002가 동작하여 M0001이 ON되고 자기 유지 상태 → 8스텝의 M0001도 연결되어 타이머가 5초를 세고 있다.

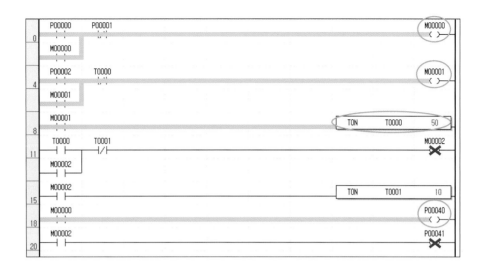

❸ 8스텝의 타이머가 5초를 센 후 T000이 ON되어 → 11스텝의 A접점 T000이 연결되고 M0002가 ON되어 자기 유지 → 15스텝의 M0002가 ON되어 타이머가 1초를 세고 있는 중 → 20스텝의 M0002도 ON되고 → P0041이 ON되어 실린더가 불량 쳐냄 → 8스텝의 타이머가 5초를 세고 동작하면 → 4스텝의 T000이 동작하여 → M0001이 자기 유지를 끊어 버린다. → 그래서 다시 반복 동작을 할 수 있도록 준비 중이다.

※ 8스텝, 15스텝, 20스텝의 동작은 동시에 이루어진다. 타이머가 5초를 센 후 또 다른 타이머가 1초를 세고, 1초를 세는 동안 실린더는 전진해서 불량을 쳐내고 있고, 4스텝의 자기 유지가 끊어져 8스텝의 타이머가 OFF되고 P0002의 신호는 대기하고 있다.

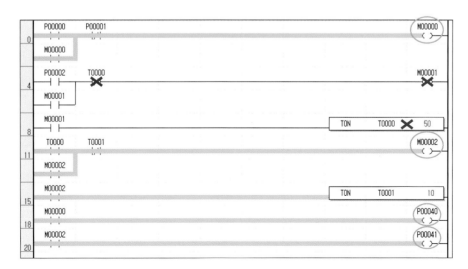

❹ 15스텝의 타이머가 1초를 세고 난 후 → 11스텝의 B접점 T001이 끊어져 M0002 의 자기 유지가 풀려 버리고 → M0002가 차단되어 → 20스텝의 M0002도 OFF 되고 → 출력 P0041도 정지하고 실린더가 후진하게 된다(조건에서 솔 밸브는 편솔이기 때문에 OFF되면 바로 실린더가 후진한다).

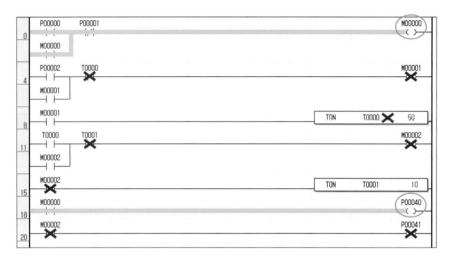

정지 스위치를 누르면 0스텝의 P0001이 차단되어 M0000이 OFF되고 → 18스 텝도 OFF되어 컨베이어 모터는 정지한다.

타이머를 사용한 예제는 앞으로 우리가 공부할 PLC 프로그래밍의 중요한 부분 이다. 이해가 안 되면 다시 반복해서 꼭 이해하고 넘어가야 한다

Tip

빠른 공부를 위하여 한 가지 생략한 명령어가 있다. 응용 명령어 중 하나인 END 명령어이다. 이 명령어는 프로그램 작성을 완료한 후 마지막에 꼭 넣어 줘야 한다. 이 END 명령어가 없으 면 PLC로 프로그램을 전송할 때 아래와 같은 메시지가 나오면서 전송이 안 된다.

이제부터는 이 END 명령어를 꼭 넣어서 연습한다.
프로그래밍을 끝낸 후 파란 박스를 왼쪽 제일 하단에 놓고 키보드에서 F10 키를 눌러 응용 명 령에 END를 입력하고 확인 또는 Enter 키를 누른다.

11 SET, RST

이번에 공부할 명령어는 SET(세트)와 RST(리셋)이다. 이 명령어는 자기 유지 회로를 꾸미지 않아도 명령어 자체에 자기 유지를 하는 기능이 있다.

01 우선 따라 해 보자. F3 - [P0000] → [확인] → 키보드의 Shift 키를 누른 상태에서 F3 키 - [P0040] → [확인] → F10 - [END] → [확인]

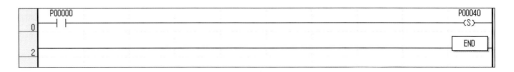

위와 같은 화면이 나오면 바르게 입력한 것이다.

출력 쪽을 잘 보면 〈S〉 기호가 있다. SET 명령어라는 표시이다.

MASTER-K PLC에서는 SET 명령어를 입력하면 [SET P0040]이라고 나오므로 XGT에서는 기호 모양이 달라진 것을 알 수 있다. 그리고 명령어를 입력하는 방법도 F10 응용 명령어를 사용하는 MASTER-K 시리즈와 다르다.

위의 그림은 LD 툴바로 각 아이콘을 이용하여 마우스로 프로그램 접점을 넣는 방식인데 이 책에서는 단축키를 사용한 명령어 입력 방법만 설명하겠다.

POINT

F3	평상시 열린 접점(A접점)	F4	평상시 닫힌 접점(B접점)
sF1	양 변환 검출 접점	sF2	음 변환 검출 접점
F5	가로선	F6	세로선
sF8	가로선 채우기	sF9	반전 접점
F9	코일(출력)	F11	역코일
sF3	SET코일	sF4	RST코일
sF5	양 변환 검출 코일	sF6	음 변환 검출 코일
F10	평선/평선 블록(응용 명령어)		

02 아래 프로그램 두 개는 같은 동작을 한다.

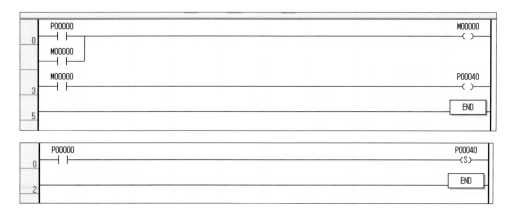

03 0스텝의 P0000이 ON되면 SET P0040이 동작을 하게 된다.
그리고 P0000이 OFF되어도 P0040은 계속 ON되어 있다.

04 이제 RST를 입력해 보자.
[Shift] + [F4]를 눌러서 아래와 같이 프로그래밍되게 해 보자(중간에 라인을 삽입하
는 방법은 나중에 설명하겠다. 우선 프로그램을 닫고 처음부터 입력한다).

05 P0000이 ON되면 출력 SET P0040이 동작하여 → P0040이 자기 유지 상태가 되
고, 2스텝의 P0001이 ON되면 → RST P0040이 동작하여 → P0040이 리셋되어 자
기 유지를 풀어 버린다. 앞에서 설명했던 출력은 왼쪽과 오른쪽에서 계속 강물이 들
어와야 동작을 유지하지만 이 SET 명령은 한 번만 동작시켜 주면 유지된다.

시작 스위치(푸쉬 버튼) : P0000   정지 스위치(푸쉬 버튼) : P0001

모터 : P0040

시작 스위치를 누르면 0.9초 뒤에 모터가 구동되어 자기 유지 상태가 되고, 정지 스위치를 누르면 모터가 정지하는 프로그램을 입력해 보자. 단, 이번에 배운 SET, RST 명령어를 사용하여 자기 유지시켜 본다.

풀이

❶ 다음과 같은 풀이가 꼭 정답은 아니다. 같은 동작만 할 수 있으면 된다. 풀이 과정을 보기 전에 다음 그림을 먼저 나름대로 해석해 보자.

❷ 시작 스위치를 누르면 → 0스텝의 P0000이 ON되어 M0000이 SET되고 자기 유지 상태가 된다.

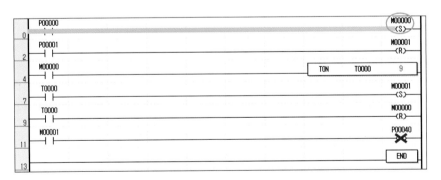

❸ 시작 스위치에 손을 떼어도 자기 유지가 되고 있다.

M0000이 ON되어 → 4스텝의 M0000이 동작하면 → 타이머가 0.9초를 세고 있는 중이다.

❹ 타이머가 0.9초를 세고 난 후 → T000이 ON되어 → 7스텝의 T000도 동작하여 → M0001이 SET되어 자기 유지를 하고 있다. → 그리고 위의 동작과 동시에 9스텝의 T000도 ON되어 → M0000을 RST시켜 버린다.

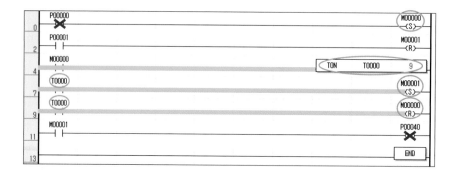

❺ 9스텝에서 M0000을 RST시켜 버리면 → 0스텝의 M0000이 초기화되고 → M0000이 OFF되어 → 4스텝의 M0000도 정지하고 → 타이머는 다시 초기 상태로 된다. 그리고 4스텝의 타이머가 OFF되면 → 7스텝과 9스텝의 T000이 차단된다. 이 부분이 바로 반복 동작을 할 수 있게 하는 것이다. 타이머를 초기화시키지 않으면 반복 동작이 안 된다.

이제 ON되어 있는 디바이스는 M0001 하나밖에 없다.

❻ M0001이 SET되어서 현재 자기 유지 중이다. → 11스텝의 M0001도 ON되어 → 출력 P0040이 동작하고 → 모터가 가동하게 된다.

❼ 정지 스위치를 누르면 2스텝의 P0001이 ON되고 → M0001을 RST시켜 버린다. 그래서 7스텝의 SET M0001은 OFF되고 → 11스텝의 M0001도 차단되어 모터가 정지한다.

12 삼로스위치

카운터를 배우기 전에 삼로스위치에 대해 알아보자. 삼로스위치란 서로 다른 곳에서 회로를 개폐할 때 사용하는 스위치로 실제 현장에서 많이 쓰인다. 아래와 같은 예제는 보통 PLC 없이 배선하지만 PLC 프로그램을 이용하여 연습해 보자.

> **조건**
>
> 스위치 1(실렉트 스위치) : P0001   스위치 2(실렉트 스위치) : P0002   형광등 : P0040

01 입구 1에서 스위치 1을 누르면 통로의 형광등이 ON되며, 사람이 통로를 지나 스위치 2를 누르면 통로의 형광등이 OFF되고 사람은 입구 2를 통해 나간다.

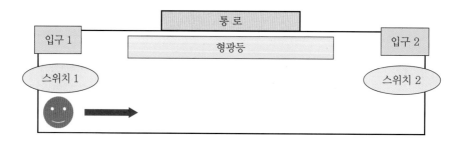

02 사람이 다시 입구 2에서 스위치 2를 누르면 형광등이 ON되며, 통로를 지나 스위치 1을 누르면 형광등이 OFF되고 사람은 입구 1을 통해 나간다.

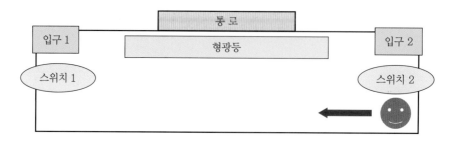

위의 내용은 실제 현장에 긴 통로가 있을 때 형광등을 ON, OFF하기 위한 방법이다. 보통 형광등 스위치를 연결하듯이 할 경우 **입구 1에서 스위치를 ON하면 입구 1에서 OFF해야 하는** 번거로움이 있는데, 이를 해결하기 위해 회로를 꾸며 보자.
앞에서 배운 인터록을 이용해야 한다.

풀이

① 다음과 같은 프로그래밍을 풀이해 보자.

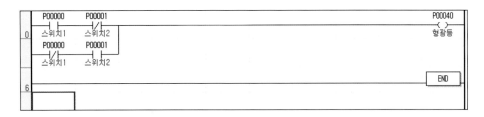

② 다음은 초기 상태이다. 현재 통로의 형광등은 OFF되어 있다.

(현재 스위치 상태 : 스위치 1 OFF, 스위치 2 OFF)

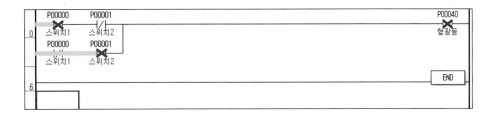

③ 사람이 입구 1에서 스위치 1을 누른다. → A접점 P0000이 ON되어 연결되고 →
형광등은 ON된다. → B접점 P0000은 차단된다. → 사람이 통로를 지나고 있다.
여기서 스위치는 푸쉬 버튼이 아니고 실렉트 스위치이다. 한 번 돌려놓으면 자
기 유지가 된다.

(현재 스위치 상태 : 스위치 1 ON, 스위치 2 OFF)

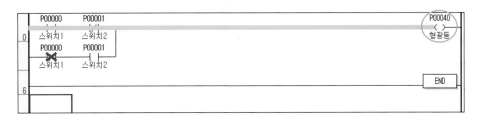

❹ 사람이 입구 2에서 스위치 2를 누른다. → B접점 P0001은 차단되고 → A접점 P0001은 연결된다. → 그러나 아래 화면과 같이 강물이 흘러가지 못해 형광등은 OFF가 된다. **이제 사람이 입구 2를 통해 나갔다.**
(현재 스위치 상태 : 스위치 1 ON, 스위치 2 ON)

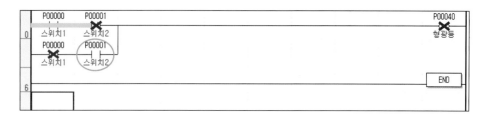

❺ 다시 사람이 입구 2에 있다. 형광등은 OFF 상태이다.

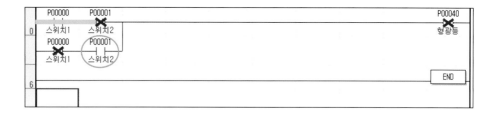

❻ **사람이 입구 2에서 다시 입구 1로 가려고 한다.** → 입구 2에서 스위치 2를 누르면 → B접점 P0001은 다시 연결되고 → A접점 P0001은 차단되어 버린다. → 이제 형광등이 다시 ON되어 사람이 통로를 지나고 있다.
(현재 스위치 상태 : 스위치 1 ON, 스위치 2 OFF)

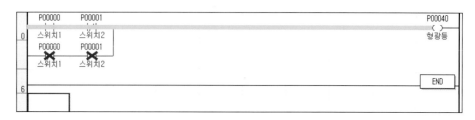

❼ 사람이 입구 1에 와서 스위치 1을 누른다. → A접점 P0000은 끊어지고 → B접점 P0000은 연결된다. → 아래 화면과 같이 연결되어 형광등은 OFF되어 초기 상태로 된다.

(현재 스위치 상태 : 스위치 1 OFF, 스위치 2 OFF)

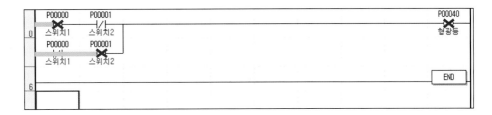

여기서 중요한 건 실렉트 스위치를 사용한다는 것이다. 실렉트 스위치는 한 번 돌려놓으면 자기 유지 상태가 된다고 앞에서 설명하였다.

스위치를 입구 1에서 돌려놓고 가면 입구 1은 스위치가 항상 ON된 상태에 있고, 다시 입구 2에서 통로를 지나 입구 1에 와서 스위치를 돌려 OFF시키는 것이다.

이번 장에서 PLC의 A, B접점과 **자기 유지**를 모두 이해하고 넘어가야 한다. 혹시라도 이해가 가지 않는다면 완전히 이해될 때까지 공부하고 다음 장으로 넘어갈 것을 권장한다.

13   PLC 프로그래밍 수정 및 글자 넣기

01   아래와 같이 파란 박스를 A접점 P0000에 위치시켜 보자.

```
        P00000   P00001                                               P00040
    0   ─┤ ├──── ─┤/├──                                               ─( )─
        스위치1   스위치2                                               형광등
        P00000   P00001
        ─┤/├──── ─┤ ├──
        스위치1   스위치2
```

02   키보드의 Ctrl 키와 D 키를 같이 눌러 보자(Ctrl+D).
이것은 라인 삭제라는 단축키이다.

```
        P00000   P00001
    0   ─┤/├──── ─┤ ├──
        스위치1   스위치2
```

03   02의 상태에서 Ctrl 키와 L 키를 눌러 보자(Ctrl+L).
이것은 라인 삽입이라는 단축키이다.

```
    ┌─────┐
    │     │
    └─────┘
        P00000   P00001
    0   ─┤/├──── ─┤ ├──
        스위치1   스위치2
```

04   F3 키를 누른다.
아래와 같이 변수/디바이스에 P0000을 입력하고 바로 옆에 있는 변수/설명 자동
추가 체크 박스를 클릭하여 체크하고 확인을 눌러 보자.

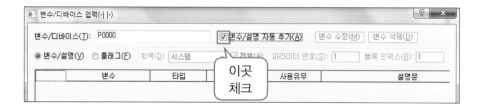

05 창이 하나 뜨면 아래와 같이 변수에 스위치 1을 입력하고, 설명문에 통로 1 스위치
를 입력한 후 확인을 눌러 보자.

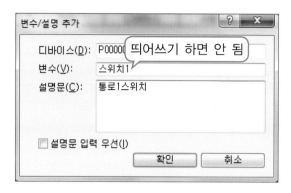

06 그럼 아래와 같은 화면이 나올 것이다.

07 프로그램 가운데 상단쯤에 아래와 같은 아이콘이 있을 것이다. 한 개씩 클릭하여 변
화되는 것을 살펴본다.

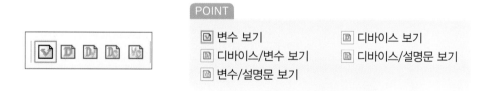

08 파란 박스를 아래 화면과 같이 위치시켜 본다.

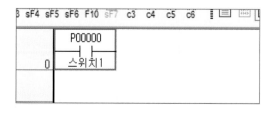

09   Ctrl + E 키를 눌러 본다.
      아래와 같은 창이 나오면 확인을 누른다.

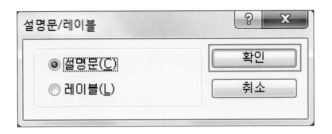

10   설명문에 아무 글자나 입력한 후 확인을 누른다.

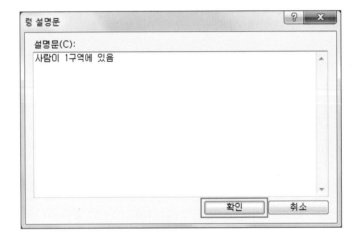

11   아래와 같이 설명문이 표시되는데 이것은 프로그램이 길어지면 혼동되지 않게 하기
      위해 적어 놓는 것으로 PLC 동작과는 전혀 상관이 없다.

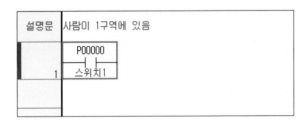

12   설명문을 지울 때는 설명문에 파란 박스를 위치시키고 키보드의 Delete 키를 누르
      면 된다.

14 카운터

이제 초급 명령어와 관련된 것 중 마지막인 카운터에 대해 알아보자.

P, M, T, C, SET, RST 등 이 정도 명령어만 알아도 웬만한 단순 동작 설비는 다 프로그래밍하여 움직일 수 있다.

01 F3 – [P0000] → F10 – [CTU C000 10]을 입력해 보자.
아래와 같은 화면이 나온다.

• CTU는 업카운터이다. 카운터가 동작하면 1씩 계수한다.
• C000은 카운터 디바이스로 카운터가 동작하여 설정치가 되면 C000이 동작한다.
• 10은 카운터 설정치이다.

02 아래 사진과 같이 나오게 입력해 본다.
F3 – [C000] → Shift + F4 – [C000]

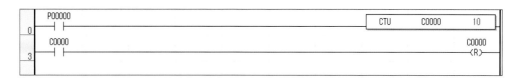

03 0스텝의 P0000이 ON/OFF를 반복할 때 → P0000이 한 번 ON하면 → 카운터로 신호가 들어가 카운터가 한 개 올라가고 → P0000이 OFF하여 다시 ON이 되면 → 카운터가 2가 되며, 이렇게 P0000이 ON을 열 번 하게 되면 프로그램상의 C000이 동작하게 된다.

04 카운터가 10이 되면 → 3스텝의 A접점 C000이 ON되어 → 출력에 있는 C000이 동
작 → C000은 리셋(SET, RST에서 공부한 리셋 명령어이다)된다.

C000이 리셋되면 0스텝의 응용 명령어 [CTU C000 10]은 카운터 수치가 다시 초
기화된다.

 조건

물체 검출 센서 : P0000   실린더 솔 밸브(편솔 자동 복귀형) : P0040

물체 검출 센서가 물체를 다섯 번 감지하면 실린더가 전진하여 2초 동안 전진 상태
를 유지하다가 복귀되도록 해 보자. 그리고 이런 동작을 반복할 수 있게 해 보자.

 풀이

❶ 물체 검출 센서가 물체를 검출하면 P0000이 ON되어 카운터를 계수하기 시
작한다. 물체 검출 센서가 물체를 다섯 번 검출하면 → 3스텝의 A접점 C000
이 ON되어 → C000을 리셋시켜 카운터가 초기화된다. 그리고 이와 동시에
M0000을 SET시킨다.

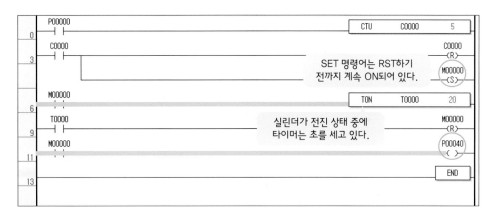

❷ M0000이 SET되어 자기 유지된 상태에서 → 6스텝의 A접점 M0000이 ON되고 타이머가 동작한다. 이와 동시에 11스텝의 A접점 M0000이 ON되어 → 출력 P0040이 ON되어 실린더가 전진 상태가 된다.

❸ 11스텝의 P0040이 ON되어 실린더가 전진한 상태에서 6스텝의 타이머가 초를 세고 있다. → 6스텝의 타이머가 2초를 세고 난 후 → T000이 동작하여 → 9스텝의 A접점 T000이 ON되고 → M0000이 리셋된다 → M0000이 리셋되어 → 11스텝의 A접점 M0000이 OFF → 출력 P0040이 OFF되어 → 실린더는 다시 후진한다. → 그리고 3스텝의 출력 M0000도 리셋되어 OFF된다.

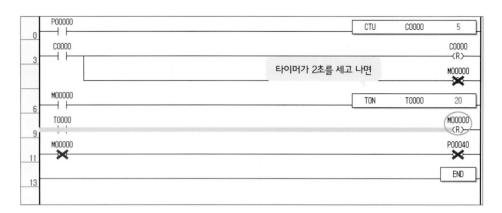

물체 감지 센서가 다시 물체를 감지하여 이런 동작을 반복할 수 있다.

POINT

MASTER-K와 XGT의 카운터 명령어 차이

1. MASTER-K의 카운터는 아래 화면과 같이 카운터 명령어를 입력하면 박스 모양으로 나온
   다. 아래 화면에서 카운터 설정치는 10이다. 이 카운터가 10이 되면 C0000이 동작해서 A접점
   C0000이 ON되어 카운터 박스 안에 있는 카운터 자체만을 리셋시켜 카운터가 초기화된다.

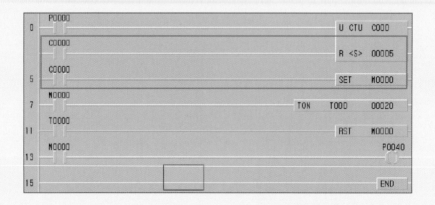

2. 다음은 예제 7을 MASTER-K로 프로그래밍한 것이다.

3. 하지만 위의 화면처럼 MASTER-K로 프로그래밍한 것과 똑같이 XGT를 프로그래밍하면 동작하지 않는다. 그 이유는 XGT 카운터 리셋은 C000 자체를 리셋시켜 버리기 때문에 순차적으로 동작하는 프로그래밍에서 제대로 동작할 수 없기 때문이다.

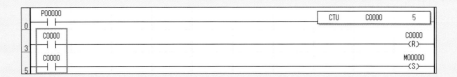

따라서 위의 화면처럼 프로그래밍하면 카운터가 동작하여 C000이 ON되면 → 3스텝의 A접점 C000이 ON되고 → 출력 C000을 리셋시켜 버린다 → C000이 리셋이 되어 버려 → 5스텝의 A접점 C000도 리셋이 되어 → 출력 M0000이 ON할 수 없는 것이다.

4. 다음은 예제 7을 XGT로 프로그래밍한 것이다. 이렇게 예제 7에서 풀이한 것처럼 프로그래밍해야 카운터가 동작하여 C000이 ON되면 → A접점 C000이 ON되고 → 출력 C000 리셋과 동시에 M0000도 SET시킬 수 있다.

 조건

    시작 스위치(실렉트 스위치) : P0000   램프 : P0040

시작 스위치를 누르면 3초 뒤에 ON → 6초간 자기 유지 후 OFF되는 무한 반복 프로그램을 만들어 보자. 시작 스위치를 OFF시키면 다시 초기화된다.

3초 뒤에 ON → 6초간 자기 유지 후 OFF → 3초 뒤에 ON → 6초간 자기 유지 후 OFF …… 계속 반복된다.

 풀이

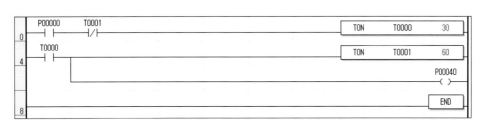

❶ 시작 스위치를 누르면 → P0000이 ON되어 자기 유지 상태가 된다(실렉트 스위치 사용). 그래서 0스텝의 타이머가 3초를 세고 있다.

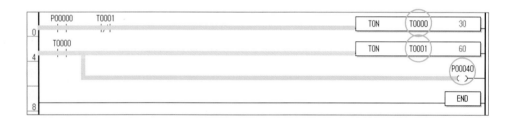

❷ 3초 뒤에 4스텝의 A접점 T000이 ON되어 → 타이머 T001은 6초를 세고 있고 → 출력 P0040이 ON되어 램프가 켜진다.
이제 T000 타이머가 죽지 않는 이상 램프에는 계속 불이 들어온다.

❸ 4스텝의 T001 타이머가 6초를 센 후 → 0스텝의 B접점 T001이 차단되어 → T000 타이머는 초기화된다. → 4스텝의 T000도 차단되어 → T001 타이머도 초기화되고 → 출력 P0040이 OFF되어 차단된다.

```
     P00000    T0001                                      TON    T0000    30
  0    │ ├──────│/├──────                                
     T0000                                                 TON    T0001    60
  4    │ ├──────┬──────                                   
                │                                                          P00040
                │                                                          
  8                                                                        END
```

프로그램상 눈에 보이게 그림으로 설명하지만 실제 프로그램을 보면 T001이 6초를 세고 난 후 0스텝의 B접점 T001은 차단되었다 바로 연결된다.

❹ 그리고 전부 초기화되자마자 다시 0스텝의 T000 타이머가 초를 세고 반복해서 동작한다.

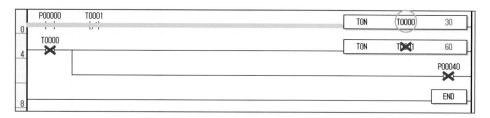

이런 회로를 플리커 회로 또는 깜빡이 회로라고 한다.

이와 같은 프로그램은 알고 있다 나중에 필요할 때 사용하면 된다.

 아래의 래더도를 보고 해석해 보자. P0000, P0001은 푸쉬 버튼이다.

🔑풀이

❶ 다음은 초기 상태이다.

❷ 푸쉬 버튼 P0000을 누르면 프로그램상의 P0000이 ON되어 → 출력 P0044가 ON된다.

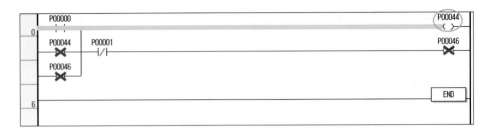

❸ 출력 P0044가 동작하여 A접점 P0044가 ON된다. → B접점 P0001은 그냥 지나쳐서 출력 P0046이 ON된다.

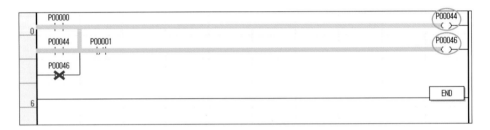

❹ 출력 P0046이 동작하여 → A접점 P0046이 ON된다.

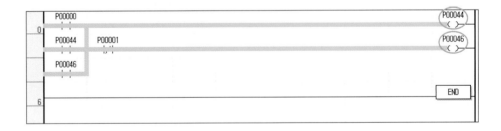

여기까지가 한 동작이다. P0000이 ON되면 → 출력 P0044와 출력 P0046이 동작된다.

⑤ P0001은 푸쉬 버튼이고, 이 푸쉬 버튼을 손으로 누른 상태이다. → 손으로 누르고 있는 동안은 출력 P0046은 정지되고 → A접점 P0046도 OFF된다.

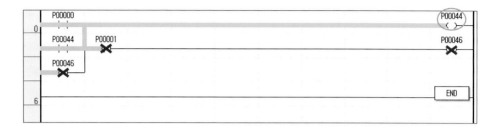

⑥ 푸쉬 버튼에서 손을 놓으면 다시 P0046이 살아난다.

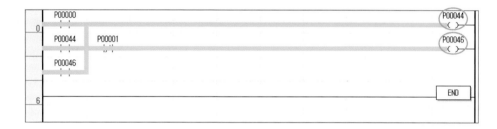

  조건

사람 감지 센서 : P0000

문 열림 감지 리미트 스위치 : P0001   문 닫힘 감지 리미트 스위치 : P0002

문 열림 구동 모터(정회전) : P0040   문 닫힘 구동 모터(역회전) : P0041

사람이 자동문의 감지 센서 범위에 들어오면 문이 열리고 → 문이 완전히 열린 후 2초 간 자기 유지 → 2초간 자기 유지 후 문이 닫힌다. → 문이 닫히는 도중에 사람이 들어와 감지 센서가 감지하면 문이 다시 열리고 → 문이 열린 후 2초간 자기 유지 후 문이 닫힌다. 모터의 정회전, 역회전 제어를 위해 인터록을 잘해야 하며, 특히 사람이 도중에 들어왔을 때를 위한 인터록을 해 보자.

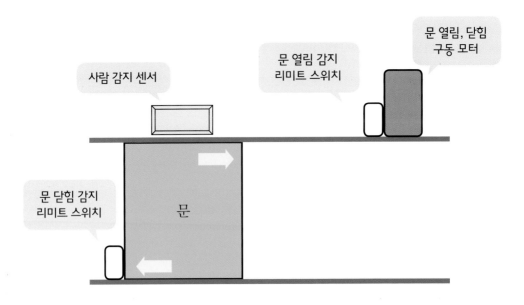

❶ 다음은 초기 상태이다.

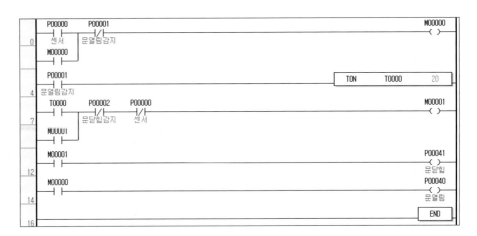

❷ 감지 센서 범위에 사람이 들어오면 0스텝의 A접점 P0000이 동작하고 → 0스텝의 M0000이 ON되어 자기 유지 → 14스텝의 M0000도 ON되어 → P0040이 동작 → 문이 열리고 있는 중이다.

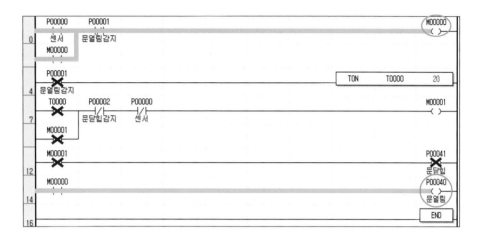

❸ **문이 완전히 열리면** → 문 열림 감지 리미트 스위치가 동작하여 → 0스텝의 B접 점 P0001이 OFF되고 → M0000도 OFF되어 자기 유지가 풀어진다. → 4스텝 의 A접점 P0001은 ON되고 → 타이머가 초를 세고 있다. → 그리고 14스텝의 A 접점 M0000이 OFF되어 → 출력 P0040 OFF → 문 열림 정회전 모터가 정지 한다. → **현재 문은 열려 있는 상태이다.**

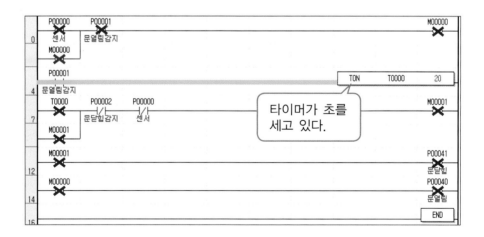

✻ 나중에 문이 닫힐 때 모터는 역회전을 해야 하는데 모터가 정회전 상태일 때 역회전 신호가 들어가면 모터가 고장 난다. 그래서 모터의 정·역회전을 할 때 는 인터록을 잘해야 한다는 것이다.

❹ 4스텝의 타이머가 2초를 세고 난 후 → T000이 ON되어 → 7스텝의 A접점 T000이 ON → 출력 M0001이 ON되어 자기 유지 → 12스텝의 A접점 M0001 ON → 출력 P0041 ON → 문 닫힘 역회전 모터가 가동 → **문이 닫히고 있는 중 이다.**

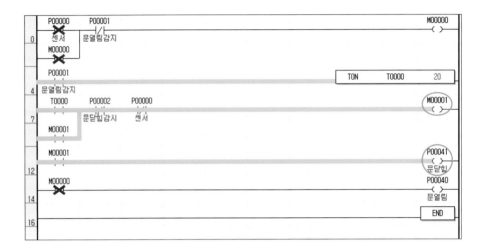

❺ 그리고 문이 닫히고 있는 중에 문 열림 감지 리미트 스위치가 OFF되어 → 4스 텝의 A접점 P0001이 OFF → 타이머가 초기화된다.

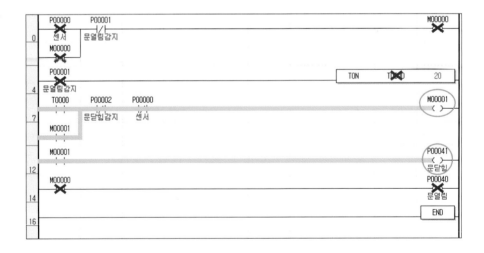

⑥ 문이 닫히고 있는 중에 다시 사람이 들어오면 → 감지 센서가 동작하여 → 0스텝의 A접점 P0000이 ON → M0000이 ON되어 자기 유지 → 7스텝의 사람 감지 센서 B접점 P0000이 OFF되어 → 7스텝의 M0001이 OFF되며 자기 유지 해제 → 12스텝의 A접점 M0001 OFF → 출력 P0041이 OFF되어 문 닫힘 역회전 모터 정지 → A접점 M0000이 ON되어 → 출력 P0040 ON → **다시 문 열림 정회전 모터가 가동하여 문이 열리고 있는 중이다.**

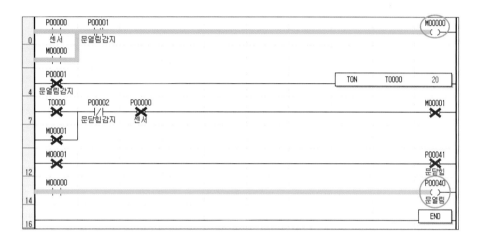

⑦ 문이 완전히 열리면 → 문 열림 감지 리미트 스위치가 동작하여 → 0스텝의 B접점 P0001이 OFF되고 → M0000도 OFF되어 자기 유지가 풀어진다. → 4스텝의 A접점 P0001은 ON되고 → 타이머가 초를 세고 있다. → 그리고 14스텝의 A접점 M0000이 OFF되어 → 출력 P0040 OFF → 문 열림 정회전 모터가 정지한다. → 현재 문은 열려 있는 상태이다.

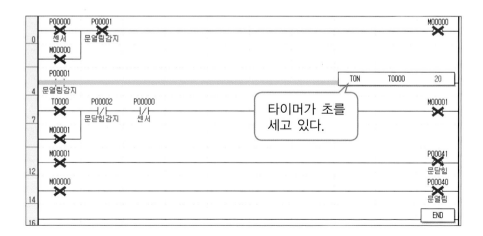

⑧ 4스텝의 타이머가 2초를 세고 난 후 → T000이 ON되어 → 7스텝의 A접점 T000 ON → 출력 M0001이 ON되어 자기 유지 → 12스텝의 A접점 M0001 ON → 출력 P0041 ON → 문 닫힘 역회전 모터가 가동 → **문이 닫히고 있는 중이 다.** → 문이 닫히고 있는 중 4스텝의 문 열림 감지 리미트 스위치 A접점 P0001 OFF → 타이머가 초기화된다.

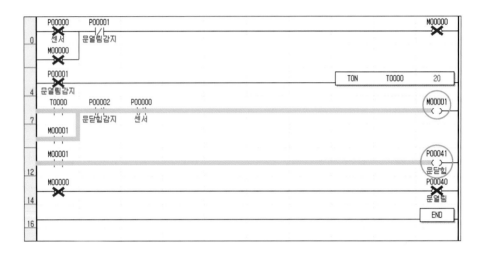

⑨ 문이 완전히 닫히고 나면 → 문 닫힘 감지 리미트 스위치가 동작하여 → 7스텝의 B접점 P0002가 OFF되고 → M0001 OFF → M0001 자기 유지가 풀어진 다음 → 12스텝의 A접점 M0001 OFF → 출력 P0041 OFF → 문 닫힘 역회전 모터가 정지된다.

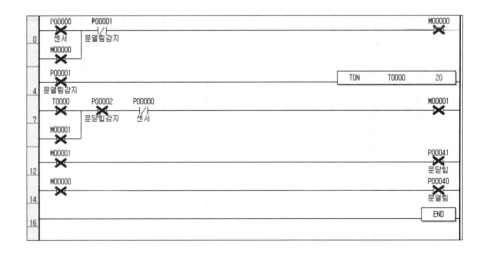

15 컴퓨터와 PLC 통신

컴퓨터와 PLC 통신을 하기 위해서는 서로 연결해 주는 케이블이 필요하다.

XGT PLC는 RS232C 또는 USB로 연결할 수 있는데 이 책에서는 RS232C 케이블만 설명하겠다.

요즘 컴퓨터는 RS232C를 연결해 주는 게 거의 없고 USB를 많이 사용한다. 별도로 컴퓨터를 살 때 RS232C 시리얼 포트를 주문하지 않는 이상 보통은 없다. 그래서 RS232C TO USB 컨버터가 필요하다.

준비물은 RS232C 케이블과 RS232C를 USB로 변환해 주는 컨버터이다.

RS232C 케이블은 인터넷 사이트에서 구입이 가능하다. RS232C TO USB 컨버터는 잘 못 살 경우 통신이 느려 컴퓨터가 잘 다운될 수 있으므로 주의한다.

01 RS232C 케이블을 주문하여 받아 보면 아래 사진과 같이 한 케이블이 암, 수로 되어 있다.

02 아래 그림은 RS232C TO USB 컨버터이다.

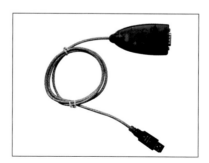

03 컨버터의 USB 커넥터를 컴퓨터의 USB에 꽂아 주고 → 컨버터 반대편의 수놈을 RS232C 케이블 암놈에 넣고 → RS232C 케이블 반대편 수놈을 PLC에 꽂아 주면 된다. PLC에 꽂는 곳은 한 곳밖에 없으니 한번 찾아보자.

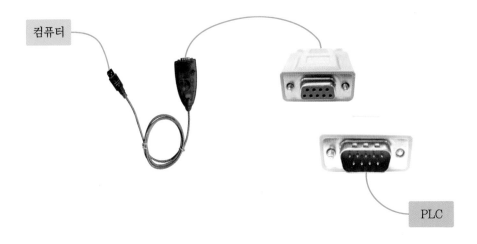

04 이것으로 끝날 수 있지만 초보자들이 처음 RS232C 케이블을 구매하고 많이 어려워 하는 부분이 있다. 그것은 바로 크로스시켜 케이블을 만들어야 한다는 것이다. 혹시나 전기 관련 업체와 통화한 후 구매한다면 RS232C 케이블을 구매할 때 PLC와 연결하여 쓸 테니 꼭 크로스 케이블로 만들어서 보내 달라고 해 보자. 그것이 여의치 않다면 방법은 또 있다.

05 우선 RS232C 케이블과 납, 인두기가 필요하다.
RS232C 케이블의 커넥터 중 암놈을 우선 십자 드라이버로 해체한다.

06 위의 암놈 단자를 분해하면 아래와 같이 나온다.

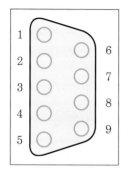

07 2, 3, 5번 선과 실드 선을 제외하고 전부 잘라 준다. 깨끗하게 잘라서 잘린 부분이 쇼트 안 되도록 한다.

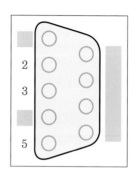

08 이제 2, 3, 5번 선과 실드 선 네 개만 남게 된다.

09 인두기로 2번과 3번 선을 해체한다.
그리고 2번 선을 3번 자리에 다시 납땜하여 붙이고, 3번 선을 2번 자리에 다시 납땜하여 붙인다. 5번은 그냥 놔둔다. 끝났으면 케이스를 다시 조립한다.

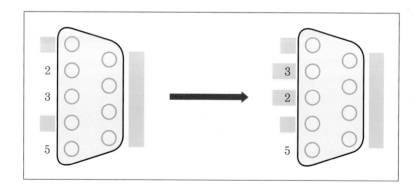

10 이제 크로스 케이블을 만들었다. 03과 같이 케이블과 컨버터를 연결하고 PC와 PLC에도 연결시켜 준다.

11 PLC 프로그램 XG5000을 시작하여 새 프로젝트를 클릭하면 아래와 같은 창이 나온다. 본인이 가지고 있는 PLC 기종을 선택해 주면 된다. 아래 사진에서 PLC 시리즈 밑에 선택 가능한 게 XGK, XGB, XGI, XGR 네 가지가 있다.

XGK는 일반적으로 많이 쓰고 모듈 형식으로 되어 있으며, XGB는 블록형으로 되어 있고 소형이다. XGI는 IEC 국제 표준 규격에 맞는 PLC라고 설명되어 있다. XGR은 이중화 시스템이라고 설명되어 있는데 PLC와 PLC 간 통신할 때 쓰는 것이라 생각된다.

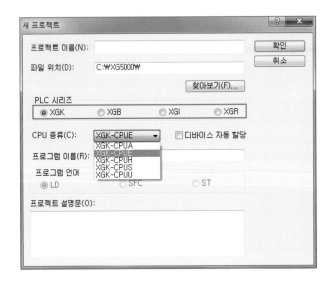

우선 본인이 가지고 있는 PLC가 어떤 종류인지 확인하고 PLC 시리즈에서 체크해 본다. 이는 PLC CPU부 상단에 표시된 내용으로 확인할 수 있다.

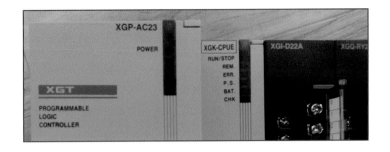

XGK-CPU 뒤에 붙는 알파벳은 A, E, H, S, U가 있는데 이 알파벳에 따라 PLC의 처리 속도, 입출력 사용 가능 접점 수, 한 번에 프로그래밍할 수 있는 용량이 달라진다.

12 PLC와 컴퓨터 간 케이블을 연결해 놓고 프로그램 상단에 있는 주 메뉴에서 온라인 → 접속을 클릭해 본다.

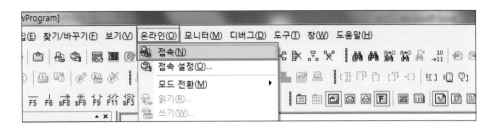

13 메뉴 왼쪽 상단에 아래와 같은 아이콘이 활성화되면 접속이 잘된 것이다.

14 접속이 안 되었으면 아래와 같이 아이콘이 비활성되어 있다.

처음 해 보는 분들은 대부분 이 접속 때문에 어려움을 겪을 것이다. 다음 순서대로 접속이 안 되는 원인을 파악해 보자.

15 RS232C TO USB 컨버터 드라이버가 설치되었는지 확인해 본다.
이 드라이버라는 것은 컨버터를 사용하기 위해 컴퓨터에 허락을 받는 것이라고 생각하면 된다. 컨버터 드라이버가 설치되어 있지 않거나 잘못된 경우가 많으므로 우선 확인해 본다.
윈도 하단의 시작 메뉴를 클릭한다.

16 검색창에 장치 관리자를 아래와 같이 입력한 후 키보드의 Enter 키를 누른다.

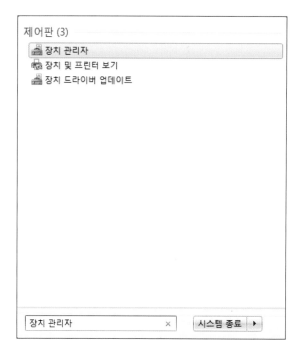

17 아래와 같은 창이 나오면

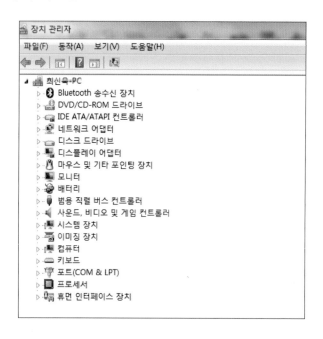

18 포트를 클릭해 보자. 아래와 같이 USB Serial Port(COM4)와 같은 게 나오면 정상적으로 설치된 것이다.

19 만약 드라이버가 제대로 설치되어 있지 않으면 아래와 같이 USB Serial Port가 포트가 아닌, 기타 장치 하위에 나온다.

20 드라이버 파일이나 CD가 없다면 업체에 전화하여 인터넷상에서 받을 수 있는 방법이 있는지 알아본다.

21 드라이버를 다시 설치해 보자.
USB Serial Port에 오른쪽 마우스 버튼을 클릭하여 드라이버 소프트웨어 업데이트를 클릭한다.

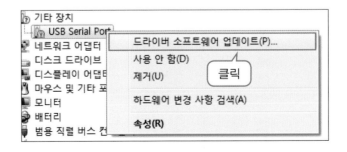

22 아래와 같은 창이 뜨면 컴퓨터에서 드라이버 스프트웨어 찾아보기를 클릭한다.

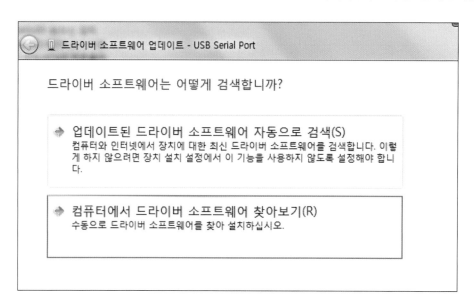

23 찾아보기를 클릭한다.

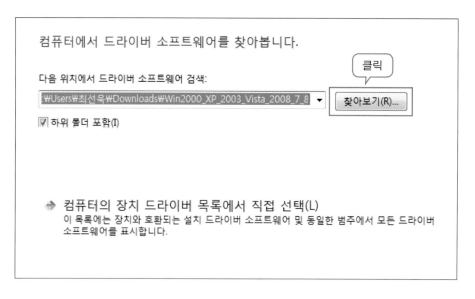

24 아래 화면에서 컴퓨터를 클릭한다.

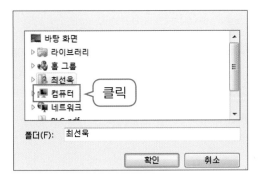

25 CD가 있으면 CD가 들어 있는 곳을 클릭하고

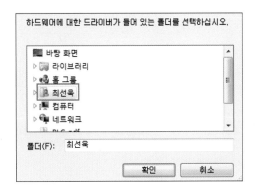

CD가 없고 파일로 컴퓨터에 저장해 두었으면 그곳을 찾아서 클릭하고 확인을 누른다.

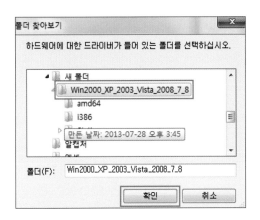

26   아래와 같은 창이 나오면 다음을 클릭한다.

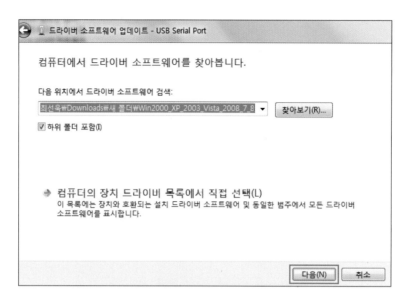

27   완료되면 창을 닫는다.

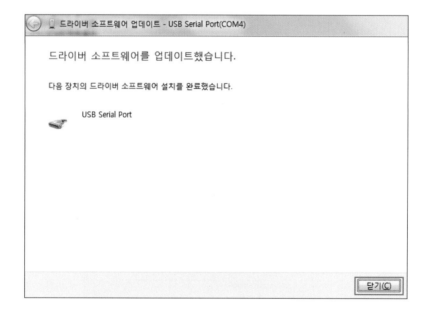

28 그리고 다시 장치 관리자로 가서 제대로 설치되었는지 확인해 본다.

여기서 USB Serial Port(COM4) 뒤의 COM4를 잘 기억하자. 이는 컴퓨터마다 다르기 때문에 COM1이 될 수도 있고, COM2가 될 수도 있다. 장치 관리자에 나온 포트 넘버는 잘 기억해 놓는다.

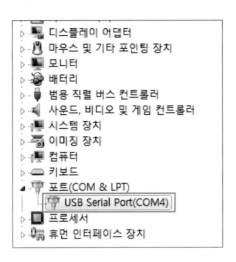

29 XG5000 프로그램 주 메뉴 상단에서 온라인 → 접속 설정을 클릭한다.

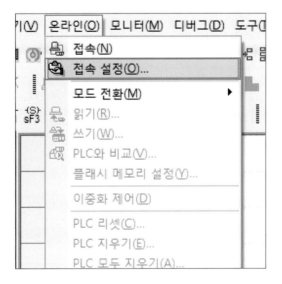

30 아래와 같이 접속 옵션 설정에서 방법을 RS-232C로 선택하고 설정을 클릭한다.

31 장치 관리자에서 봤던 본인의 포트 번호가 맞는지 통신 포트에서 확인한다. 다르다
면 장치 관리자에서 나온 포트 번호와 같게 설정하고 포트 자동 탐색을 클릭한다.

32 아래와 같이 OK가 나오면 아무 문제가 없는 것이다.

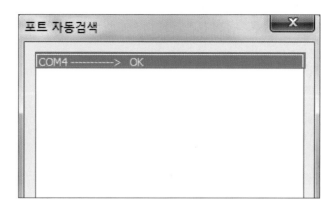

33 드라이버를 설치하였는데도 안 된다면

- RS232C 케이블선의 2번과 3번 선이 크로스되었는지 다시 확인한다.
- 컴퓨터에 RS232C 케이블을 꽂을 곳이 없다면 RS232C TO USB 컨버터를 사용하여 연결하였는지 확인한다.
- 처음 프로그래밍을 시작할 때 PLC CPU 기종이 본인이 가지고 있는 PLC와 같은지 확인한다.
- 컴퓨터와 PLC 사이의 케이블들이 제대로 꽂혀 있는지 확인한다.
- PLC 전원을 OFF시키고, XG5000 프로그램도 종료하고, 컴퓨터에 꽂혀 있는 컨버터의 USB를 뺐다가 다시 연결한 후 PLC와 XG5000을 다시 시작해 본다.

34 접속이 완료되면 위에서 설명한 아이콘들을 이제 사용할 수 있다.

우선 모니터링은 접속하고 프로그램이 동작하는 것을 눈으로 확인할 수 있다.
아래와 같이 ON되는 것은 파랗게 표시된다.

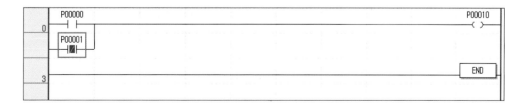

35   쓰기 아이콘은 XG5000에서 프로그래밍한 것을 → PLC로 전송시켜 주는 것인데 현
      장에서 연결할 때 잘못 누르면 PLC 프로그램이 다 지워질 수 있으므로 주의한다.

36   런 모드이다.

이 아이콘을 눌러야 PLC가 동작한다.

37   스톱 모드이다.

이 아이콘을 누르면 PLC가 정지한다.

38   아래와 같이 프로그래밍해 본다.

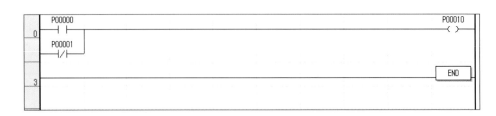

39 접속한 상태에서 아래와 같이 쓰기를 클릭해 본다.

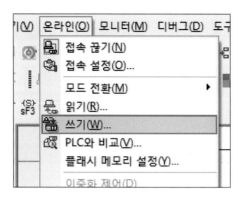

40 예를 클릭한다.

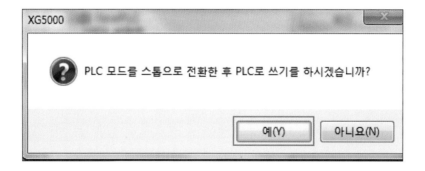

41 아래와 같은 창이 나온다.

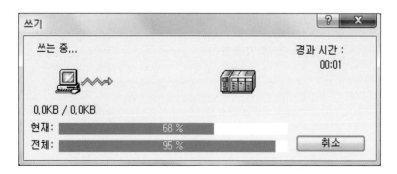

42   예를 선택한다.

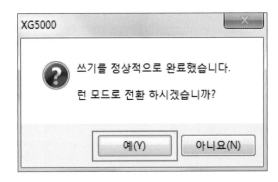

43   앞에서 공부한 모니터링을 클릭한다. 그럼 아래와 같이 ON이 된 접점으로 표시된다.

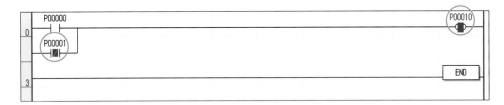

쓰기는 XG5000에서 프로그래밍한 것을 → PLC로 전송시키는 것이고,
반대로 읽기는 PLC에 있는 프로그래밍을 XG5000으로 불러오는 것이다.

44   읽기도 눌러 보자.

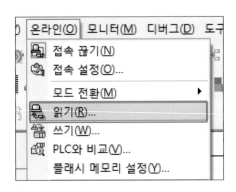

45 확인을 누른다.

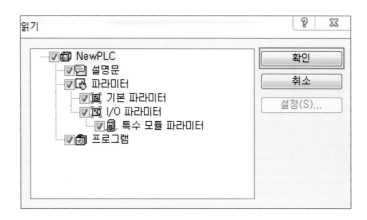

46 아래와 같이 끝났는데 화면에 아무것도 나오지 않으면

47 좌측 프로젝트 창 아래 항목 중 스캔 프로그램 밑에 있는 New Program을 더블 클릭해 본다.

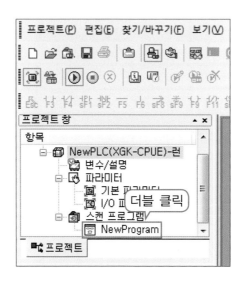

48 그럼 아래와 같이 PLC에 저장되어 있던 프로그램이 → XG5000으로 전송된다. 읽기를 한다고 PLC에 저장되어 있던 프로그램이 지워지는 것은 아니다.

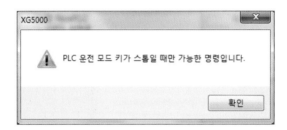

49 혹시나 쓰기를 할 때 아래와 같은 창이 뜬다면

PLC CPU부의 커버를 열어 아래 사진에 표시된 부분의 스위치가 STOP으로 되어 있는지 확인한다.

중급 명령어

1 OUTP 명령어

OUTP 명령어는 MASTER-K에서의 D 명령어와 같다.

원래는 이 부분도 초급 과정에 속하지만 실무를 경험해 본바 초급으로 취급하기에는 좀 무리가 따른다고 판단하여 이 책에서는 중급 과정으로 구성하였다. 초급 과정에서 배운 명령어들로 웬만한 설비(정밀을 요하는 설비 제외)는 다 프로그래밍할 수 있다. 그럼에도 중급 과정을 배우는 것은 좀 더 프로그램을 간단하게 처리하기 위함이다.

01 F3 − [P0000] ➔ Shift + F5 − [M0000] ➔ F10 − [END]를 입력한다.

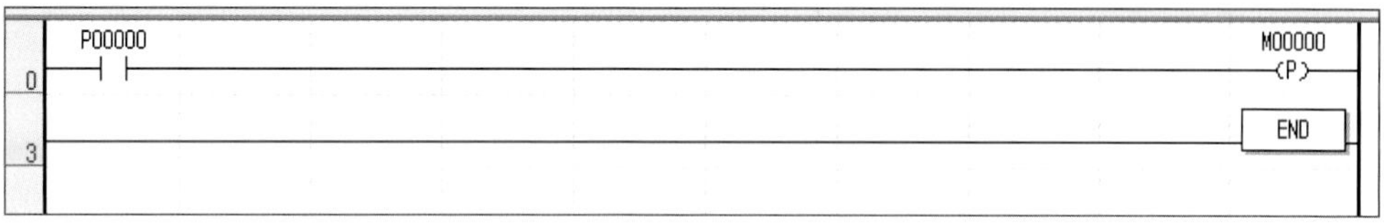

```
        P00000                                              M00000
  0     ─┤ ├─                                               ─<P>─

  3                                                          END
```

02 OUTP 명령어는 1스캔 동안 동작하는 명령어이다. 여기서 스캔은 스캔 타임이라고 도 말한다. 스캔 타임이란 0스텝에서 END 명령까지 프로그램을 읽는 시간이다. 위 의 그림에서 M0000의 출력 모양에 P가 추가된 것을 볼 수 있다. 이 OUTP 명령어 를 사용하는 이유는 예제를 풀어 보면서 알아보자.

예제1 초기 상태에서 푸쉬 버튼을 누르면 모터가 ON, 또 한 번 누르면 모터가 OFF, 또 한 번 누르면 모터가 ON, 또 한 번 누르면 모터가 OFF된다. 이런 식으로 푸쉬 버 튼을 누를 때마다 모터가 ON, OFF를 반복하는 프로그래밍을 만들어 보자.

이번 장에서 배우는 OUTP 명령어를 활용해야 하지만 아직 잘 모르므로 초급 과
정에서 공부한 것을 참고한다.

조건

P0000 : 푸쉬 버튼   P0040 : 모터

다음은 PLC 래더도 읽는 순서이다.

위의 PLC 래더도를 읽을 때, 예를 들어 1번 라인을 오른쪽으로 진행하며 읽는 도
중에는 왼쪽으로 읽을 수 없다. 초급 명령어에서 설명한 순서와 다른데, 앞에서는
초급자들을 배려하여 출력이 어떻게 동작한다는 것을 큰 흐름으로만 설명했기 때
문이다.

풀이

❶ 이제부터 글자 하나하나를 천천히 잘 읽어 보자.

우선 OUTP 명령어를 사용하지 않고 프로그래밍한 것부터 알아보자. OUTP 명
령어를 사용할 때와 안 할 때의 차이를 비교하기 위해서이다.

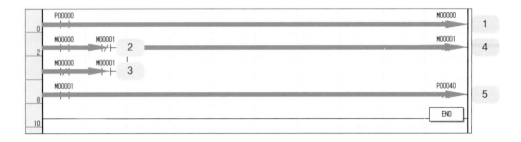

❷ 다음은 초기 상태이다. 2스텝의 B접점 M0001과 M0000은 연결되어 있지만 A 접점들이 막고 있어서 동작을 못하고 있다.

❸ 푸쉬 버튼을 누르면 프로그램상의 P0000이 ON되어 출력 M0000이 동작하고 → 2스텝의 A접점 M0000이 ON, B접점 M0000은 차단된다.

❹ 2스텝의 A접점 M0000이 ON되면 → 2스텝의 출력 M0001이 동작하고 → 8스텝 의 A접점 M0001이 ON되어 출력 P0040이 동작한다.
(아직 사람이 푸쉬 버튼을 누르고 있는 상태이다.)

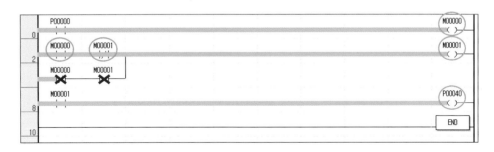

❺ END 명령을 만나서 다시 **0스텝부터 시작한다.** → 푸쉬 버튼을 아직 누르고 있
기 때문에 0스텝의 출력 M0000은 아직 동작하고 → 2스텝의 A접점 M0000도
ON된다. → 이전에 출력 M0001이 동작하여 2스텝의 B접점 M0001은 차단된
다. → 그리고 2스텝의 B접점 M0000은 여전히 차단된 상태이고, A접점 M0001
은 END 명령어를 만나기 전에 M0001이 ON되어 있기 때문에 연결된다. → 하
지만 출력 M0001은 더 이상 왼쪽에서 강물이 오지 못하기에 차단된다. 결국 8
스텝도 전부 차단된다. **(아직 푸쉬 버튼을 누르고 있는 상태이다.)**

❻ END 명령을 만나서 다시 0스텝부터 시작한다. → 아직 푸쉬 버튼을 누르고 있
기 때문에 0스텝의 M0000은 동작하고 → 2스텝의 A접점 M0000도 ON된다. →
이전에 출력 M0001이 차단되어 있기 때문에 B접점 M0001은 연결되고 → B접
점 M0000은 여전히 차단된 상태, A접점 M0001은 이전에 차단되어 → 결국 출
력 M0001이 ON되어 → 8스텝이 동작하게 된다.

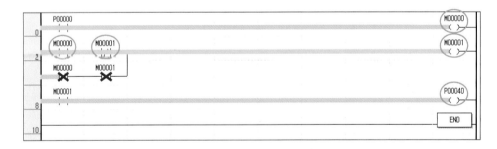

이렇게 END 명령어를 만나서 다시 0스텝부터 프로그램을 읽기 시작하는데 푸
쉬 버튼을 누르고 있는 상태에서는 결국 P0040이 ON/OFF를 계속 반복하게 된
다. 반복하는 속도는 프로그램상의 0스텝에서 END 명령어를 읽는 시간만큼 매
우 빠르다.

❼ P0040이 ON되어 있는 상태에서 푸쉬 버튼에서 손을 놓으면 → 0스텝의 M0000
이 OFF되어 2스텝의 A접점 M0000은 차단, B접점 M0001은 이전에 M0001이
ON되어 있기에 차단, 2스텝의 B접점 M0000은 다시 연결, A접점 M0001은 이
전에 ON되어 있기에 연결된다. 이렇게 하여 푸쉬 버튼에서 손을 놓아도 자기 유
지가 되어 8스텝이 ON된다.

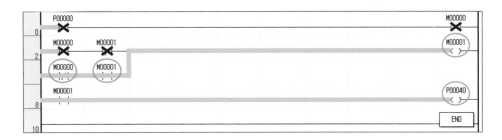

❽ 만약 P0040이 ON/OFF를 반복하는 중에 **P0040이 OFF일 때** 푸쉬 버튼에서 손
을 놓으면

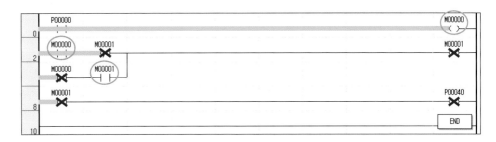

❾ 0스텝의 M0000이 OFF되어 → 2스텝의 A접점 M0000이 차단, B접점 M0001은
이전에 M0001이 OFF되어 있기에 연결 → B접점 M0000은 연결, A접점 M0001
은 이전에 M0001이 OFF되어 있어 차단 → 이렇게 되어 결국 출력 M0001이 차
단되어 → 8스텝도 OFF된다.

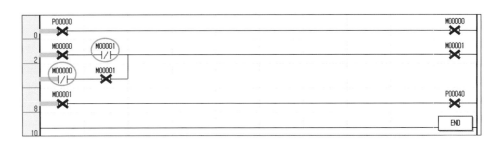

이렇게 프로그래밍하면 푸쉬 버튼에서 손을 언제 놓느냐에 따라 P0040이 ON 이 될 수도 있고 OFF가 될 수도 있다.

그럼 지금부터 OUTP 명령어를 사용하여 실행해 보자.

❶ 다음은 초기 상태이다. 0스텝의 출력을 Shift + F3 − [M0000]이라고 입력하고 나머지는 전과 동일하다.

❷ **푸쉬 버튼을 계속 누르면** → 0스텝의 P0000이 ON되어 출력 P M0000이 동작 하고, 3스텝의 A접점 M0000이 ON되면, B접점 M0001은 그냥 지나치고 → B 접점 M0000은 끊어지고, A접점 M0001은 아직 차단되어 있고 → 이렇게 해서 출력 M0001이 동작하여 → 9스텝의 M0001이 ON되고 P0040이 동작한다.

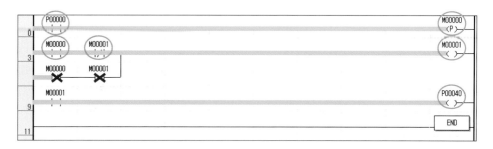

OUTP 명령어로 진행했기 때문에 END 명령어를 만나도 다시 0스텝부터 시작 하지 않는다. 그래서 앞에서 OUTP 명령어 없이 그냥 M0000만 사용했을 때와 다르게 푸쉬 버튼을 누르고 있는 상태에서도 P0040이 ON/OFF를 반복하지 않 는다.

❸ ❷와 동시에 일어나는 동작이다. → 0스텝의 P M0000이 1스캔만 동작하고 OFF되었다. → 3스텝의 A접점 M0000이 차단되고, B접점 M0001은 이전에 M0001이 ON되어 있기 때문에 차단된다. → B접점 M0000은 0스텝의 P M0000이 차단되어 있으므로 다시 연결되고, A접점 M0001은 출력 M0001이 동작하고 있기 때문에 다시 연결되어 → 출력 M0001이 자기 유지 상태가 되고 9스텝도 ON된다.

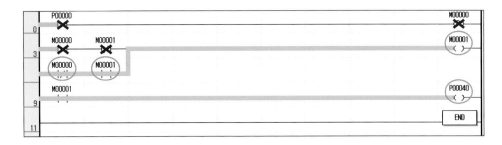

즉, OUTP 명령어를 사용함으로써 1스캔만 동작하므로 푸쉬 버튼을 빨리 눌렀다 떼든, 천천히 눌렀다 떼든지와는 상관없이 한 번 눌렀다 떼면 동작하는 것이다.

❹ 아래 그림 상태에서 다시 푸쉬 버튼을 누른다.

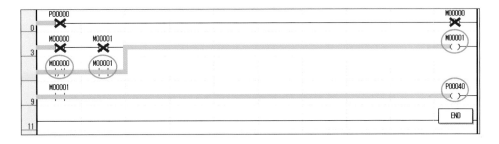

❺ 0스텝의 P M0000이 ON되어 → 3스텝의 A접점 M0000이 연결되고, B접점 M0001은 이전에 M0001이 ON되어 있기에 차단되어 있다. → B접점 M0000은 0스텝의 P M0000이 ON되어 차단되고, A접점 M0001은 이전에 M0001이 ON되어 있기에 연결되어 있고 → 결국 출력 M0001로 가는 강물이 차단되어 9스텝도 OFF된다.

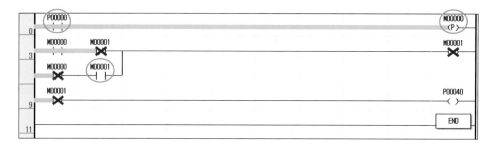

M 명령어를 사용하였을 때는 푸쉬 버튼의 접점 ON, OFF 속도가 PLC 스캔 타임보다 느리기 때문에 END 명령어를 수십 번 왕복하게 된다. 즉, 스위치를 수초만에 한 번 눌렀다 떼었을 뿐인데 PLC는 END 명령어를 수십 번 반복하게 되는 것이다.

그런데 OUTP 명령어를 같이 사용한 M 명령어는 오래든, 짧게든 스위치를 눌러도 END 명령어까지 한 번만 수행하기 때문에 이렇게 스위치 한 개로 ON/OFF가 가능한 것이다.

OUTP 명령어가 어렵다면 일단 외우고 넘어간다. 대부분 처음에는 외우고 나중에 PLC와 직접 연결히어 실무를 경험해 보면 이해가 간다.

2 TOFF 명령어

TOFF 명령어는 타이머 명령어이다. TON과 반대라고 생각하면 된다.

우선 TON과 비교하기 위하여 예제를 따라 해 보자.

조건

P0000 : 푸쉬 버튼   P0040 : 모터

푸쉬 버튼을 누르면 모터가 구동되고 3초 뒤에 정지되도록 해 보자.

타이머는 TON 타이머를 사용한다.

🔑풀이

❶ 푸쉬 버튼을 누르면 0스텝의 P0000이 ON되어 → 출력 M0000이 동작하고 자기 유지 상태가 된다.

❷ 4스텝의 M0000이 ON되어 타이머가 초를 세고 있고, 7스텝의 A접점 M0000도 연결되어 P0040이 ON되어 모터가 동작한다.

❸ 4스텝의 타이머가 3초를 세고 난 후 → T000이 동작하여 → 0스텝의 B접점 T000이 끊어져 M0000이 차단되면 자기 유지가 끊어지고 → 7스텝의 M0000 도 OFF되어 모터가 정지한다.

❹ 아래 그림은 TOFF를 사용한 것이다. 위에서 TON 타이머를 사용하였을 때와 같은 동작을 한다. 푸쉬 버튼을 누르고 있으면 TOFF가 ON되어 → 3스텝의 A 접점 T000이 ON → 출력 P0040이 ON된다. **하지만 TOFF는 푸쉬 버튼을 누른 상태에서는 초를 세지 않는다.** 이 TOFF 타이머는 푸쉬 버튼에서 손을 놓는 순간부터 초를 세고 → 초를 세는 중에도 T000의 접점은 ON되어 있고 → 초를 다 세고 난 후 T000 접점이 OFF된다.

POINT

TON과 TOFF의 차이점

• TON
  – TON이 ON되어 세팅된 초를 세고 난 후 타이머 접점이 ON
  – TON이 초를 세기 위해서는 자기 유지가 필요하며, 중간에 차단되면 타이머 리셋
• TOFF
  – TOFF가 ON되어 타이머 접점이 ON하고 세팅된 초를 세고 난 후 타이머 접점 OFF, 초를 세는 동안 타이머 접점은 자기 유지
  – 스위치와 연결되었을 경우 스위치에서 손을 놓고 난 후부터 타이머 동작
  – 만약 스위치에서 손을 안 뗐을 경우 타이머는 초를 세지 않고 타이머 접점만 ON 상태 유지
  – 별도 자기 유지 필요 없음
  – 초를 세는 동안 다시 TOFF가 ON되면 타이머 리셋

3 TRTG 명령어

TRTG 명령도 타이머 명령 중 하나이다.

01 다음 순서대로 입력해 보자.
　　F3 ─ [P0000] → F10 ─ [TRTG T000 30]
　　F3 ─ [T000] → F9 ─ [P0040]
　　F10 ─ [END]

02 동작은 TOFF와 동일하다.

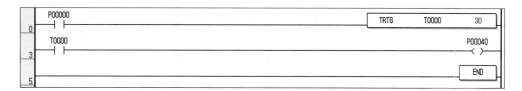

POINT

TOFF와 TRTG의 차이점
- TOFF : 스위치를 누르면 타이머 접점이 ON되어 있고, 스위치에서 손을 떼면 그때부터 타이머가 초를 세기 시작함
- TRTG : 스위치를 누르면 타이머 접점이 ON되어 바로 타이머가 초를 세기 시작함

TOFF와 TRTG는 타이머가 동작하는 도중에 다시 신호가 들어가면 타이머가 초기화된다.

4   CTUD 명령어

01   아래와 같이 입력해 보자.

CTUD 카운터 입력 방법은 F10 – [CTUD C000 P0001 P0002 10]이다.

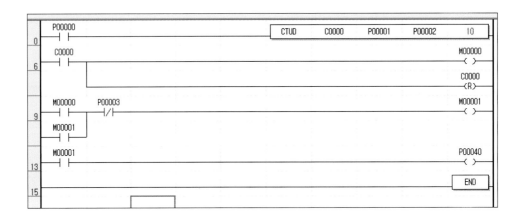

02   CTUD는 초급 명령어 카운터에서 공부한 CTU에 D가 추가된 것인데 CT는 카운터라는 뜻이고 U는 증가, D는 감소라는 말이다. 즉, CTUD는 가산과 감산을 둘 다할 수 있는 카운터이다.

03   이 카운터를 설명하면

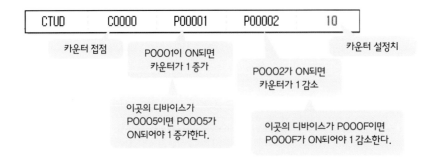

04 아래 그림에서 0스텝 P0000이 ON된 상태에서만 카운터가 동작할 수 있다. 만약 카운터가 동작 중에 P0000이 OFF되면 카운터는 다시 초기화된다. 또 6스텝의 리셋 C000이 ON되어도 카운터는 초기화된다.

```
 0   P00000                                    CTUD   C0000   P00001   P00002     10
     ┤ ├───────────────────────────────────[                                        ]

 6   C0000                                                                      M00000
     ┤ ├──────────┬──────────────────────────────────────────────────────────( )

                  │                                                            C0000
                  └────────────────────────────────────────────────────────( R )

 9   M00000   P00003                                                          M00001
     ┤ ├──────┤/├──────────────────────────────────────────────────────────( )
     M00001
     ┤ ├──────┘

13   M00001                                                                   P00040
     ┤ ├──────────────────────────────────────────────────────────────────( )

15                                                                            [ END ]
```

05 P0000이 ON된 상태에서 → P0001이 ON/OFF를 반복하면 카운터가 1씩 증가하고 → 설정치가 10이 되면 → 카운터의 접점 C000이 동작하여 → 6스텝의 A접점 C000이 ON → 출력 M0000 ON, 리셋 C000이 ON되어 카운터 리셋 → 9스텝의 A접점 M0000 ON → M0001 자기 유지 → 13스텝 A접점 M0001 ON → P0040 ON

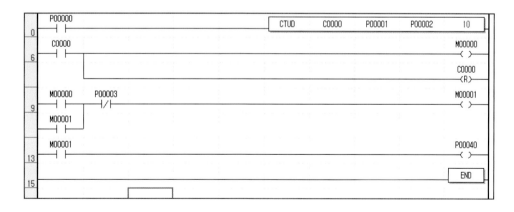

06 카운터가 증가하여 수치가, 예를 들어 6이 되었을 때 P0002가 한 번 ON되면 → 카운터 수치는 5가 되고 → 한 번 더 P0002가 ON되면 → 카운터 수치는 4가 된다. 이런 식으로 P0002가 ON될 때마다 카운터 수치는 감소되고 0이 되면 더 이상 감소하지 않는다.

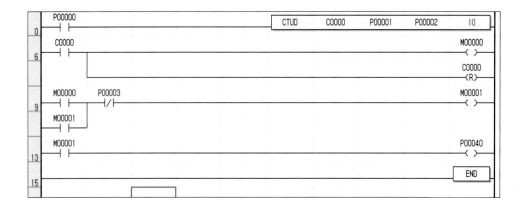

어떠한 제품 몇 개를 양품으로 생산하였는지 확인할 때, 제품 생산 확인은 P0001에 신호를 주고, 불량일 때는 P0002에 신호를 주면 총 생산량 중에 불량은 카운터가 마이너스하니까 전체 양품 생산량만 확인할 수 있다.

5 MCS, MCSCLR 명령어 1

MCS, MCSCLR 명령어는 두 개가 한 세트이다. 이 명령어를 마스터 컨트롤 명령이라고도 한다. 그리고 XGK 모델은 총 0~15까지 사용 가능하고, XGB 모델은 총 0~7까지 사용 가능하다.

01 순서대로 입력해 보자.

F3 − [P0000] ➡ F10 − [MCS 0]

F3 − [P0001] ➡ F9 − [P0040]

F10 − [MCSCLR 0]

F10 − [END]

02 MCS, MCSCLR 명령어는 이 명령어 사이에 있는 출력을 구속시키는 것이다. 입력은 구속받지 않는다.

03 0스텝의 P0000이 OFF되어 있으면 → MCS 0은 차단된다. → 그래서 2스텝의 A접점 P0001이 ON되어도 출력 P0040은 동작할 수 없다.

2스텝의 출력 P0040이 동작하려면 → 0스텝의 P0000이 ON되어 → MCS 0이 연결되어야 하고 → 2스텝의 A접점 P0001이 ON되면 출력 P0040이 동작할 수 있다.

04 아래 프로그램도 마찬가지로 0스텝의 MCS 0이 ON되어야 → 2스텝, 4스텝, 6스텝의 출력들이 동작할 수 있다.
0스텝의 MCS 0이 OFF되어 있으면 2, 4, 6스텝의 P0001, P0002, P0003이 ON되어 있어도 출력은 동작하지 않는다.

05 아래 프로그램은 MCS, MCSCLR이 구속시키는 구간이 2, 4스텝이므로 7스텝은 MCS 0과 아무런 상관없이 A접점 P0003이 ON되면 출력 P0042가 동작하게 된다.

6 MCS, MCSCLR 명령어 2

01 앞에서 MCS, MCSCLR 명령어는 XGK 0~15까지 사용할 수 있다고 하였다.
아래 그림에서 0스텝의 MCS 0이 ON되어야만 2, 4스텝의 출력이 동작한다.
그리고 MCS 0이 ON되어도 8, 10스텝의 출력은 동작하지 않는다. 왜냐하면 6스텝
의 MCS 1도 ON되어야 하기 때문이다.

아래와 같이 MCS 0이 MCS 1을 포함하고 있다. 즉, MCS 0과 MCS 1이 ON되어야
MCS 1을 포함한 출력이 동작할 수 있다.

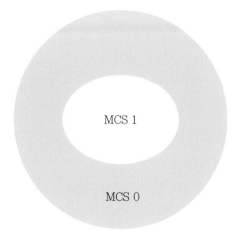

02 MCS 0과 MCS 1이 ON되어야만 8스텝과 10스텝의 출력이 동작할 수 있다.

```
    P00000
 0  ─┤ ├──────────────────────────────────────────[ MCS    0 ]
    P00001                                                P00040
 2  ─┤ ├──────────────────────────────────────────────( )
    P00002                                                P00041
 4  ─┤ ├──────────────────────────────────────────────( )
    P00003
 6  ─┤ ├──────────────────────────────────────────[ MCS    1 ]
    P00004                                                P00042
 8  ─┤ ├──────────────────────────────────────────────( )
    P00005                                                P00043
10  ─┤ ├──────────────────────────────────────────────( )

12  ──────────────────────────────────────────────[ MCSCLR  0 ]

13  ────────────────────────────────────────────────[ END ]
```

03 다음은 MCS 0과 MCS 1이 ON되어 있고, 해당 접점들이 ON되어 있어서 출력 P0040~P0043이 전부 동작하는 상태이다.

04 이때 0스텝의 P0000이 OFF되면 MCS 0과 MCSCLR 0 사이에 구속받는 모든 출력은 정지하게 된다. (단, 입력은 구속받지 않는다.)

05 다시 MCS 0과 MCS 1이 ON되어 있고, 해당 접점들이 ON되어 있어서 출력 P0040~P0043이 전부 동작하는 상태이다.

06 이때 6스텝의 MCS 1이 OFF되면 MCS 1과 MCSCLR 0 사이에 구속된 출력은 다
    정지하게 된다. 하지만 2, 4스텝의 출력은 아무런 영향을 받지 않는다.

07 마스터 컨트롤 명령어는 0이 대장이라서 MCS 0이 OFF되면 MCS 사이에 구속된
    MCS 1도 같이 OFF된다. 단, 아래 그림과 같이 MCS 1과 MCSCLR 1이 MCS 0에
    구속되어 있지 않다면 별도로 동작한다.

7 특수 릴레이

01 특수 릴레이라고 하여 정해진 접점이 있다. 이 중 몇 가지를 알아보자.
   - F0099 : 상시 ON(PLC 전원이 들어오면 바로 동작)
   - F009A : 상시 OFF(PLC 전원이 들어오면 바로 정지)
   - F0090 : 20ms 주기 clock(0.02초 간격으로 ON/OFF)
   - F0091 : 100ms 주기 clock(0.1초 간격으로)
   - F0092 : 200ms 주기 clock(0.2초 간격으로)
   - F0093 : 1s 주기 clock(1초 간격으로)
   - F0094 : 2s 주기 clock(2초 간격으로)
   - F0095 : 10s 주기 clock(10초 간격으로)
   - ms(밀리세컨드 또는 밀리세크), s(세컨드 또는 세크)

F0090~F0095 명령어는 초급 명령어 카운터에서 배운 플리커 회로라고 생각하면
된다. 단, 예를 들어 주기가 2s라면 ON 2초, OFF 2초 이렇게 된다. 플리커 회로는
ON, OFF 시간을 바꿀 수 있지만 F 명령어는 정해져 있어서 바꿀 수 없다.
예를 들어 아래 프로그램이 시작을 하면 F0095를 사용하였기 때문에 10초 동안
P0045 ON, 10초 동안 P0045 OFF가 계속 반복된다.

02 그 밖의 특수 명령어를 보는 방법이다. 아래 화면에서 접점 입력창을 아무것이나
띄워 보자. 예를 들어 키보드 F3 을 누른다.

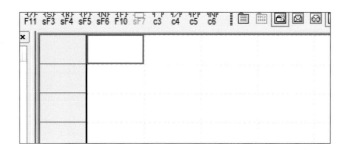

03 아래 그림과 같이 나오면 플래그를 선택해 준다.

04 아래와 같은 창이 나오면 어떠한 특수 릴레이가 있는지 확인해 본다.

	변수	타입	디바이스	설명문
1	_RUN	BIT	F00000	RUN
2	_STOP	BIT	F00001	STOP
3	_ERROR	BIT	F00002	ERROR
4	_DEBUG	BIT	F00003	DEBUG
5	_LOCAL_CON	BIT	F00004	로컬 컨트롤
6	_MODBUS_CON	BIT	F00005	모드버스 모드 ON
7	_REMOTE_CON	BIT	F00006	리모트 모드 ON
8	_RUN_EDIT_ST	BIT	F00008	런중 수정 중(프로그램 다운로드 중)
9	_RUN_EDIT_CHK	BIT	F00009	런중 수정 중(내부 처리 중)
10	_RUN_EDIT_DONE	BIT	F0000A	런중 수정 완료
11	_RUN_EDIT_NG	BIT	F0000B	런중 수정 비정상 완료
12	_CMOD_KEY	BIT	F0000C	키에 의한 운전모드 변경
13	_CMOD_LPADT	BIT	F0000D	로컬 PADT에 의한 운전모드 변경
14	_CMOD_RPADT	BIT	F0000E	리모트 PADT에 의한 운전모드 변경
15	_CMOD_RLINK	BIT	F0000F	리모트 통신 모듈에 의한 운전 모드 변경
16	_FORCE_IN	BIT	F00010	강제 입력
17	_FORCE_OUT	BIT	F00011	강제 출력

8 TMR 명령어

TMR은 타이머 명령어이다.

01 순서대로 입력해 보자.
[A접점 P0000] ➔ (F10) – [TMR T000 300]
[A접점 T000] ➔ (F9) – [P0040]
[A접점 P0001] ➔ (Shift) + (F4) – [T000]

02 TMR 타이머는 적산 타이머라고 한다. 0스텝의 P0000이 ON되면 보통 타이머와
마찬가지로 초를 세기 시작한다. 이때 P0000이 차단되면 앞에서 공부한 타이머는
초기화되지만 이 TMR 타이머는 세던 시간을 유지한다. 그리고 TMR이 세팅된 초
를 세고 난 후 해당 접점이 동작하여 자기 유지 상태가 된다. 아래 프로그래밍에서
3스텝의 A접점 T000이 자기 유지가 되어 P0040이 계속 ON된다.

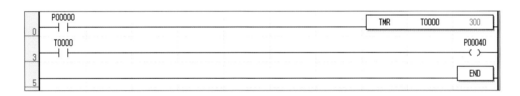

03 TMR 타이머를 초기화시키기 위해서는 아래와 같이 별도로 타이머를 리셋시켜 줘
야 한다. 타이머를 리셋시키지 않으면 타이머의 접점은 계속 ON된다.

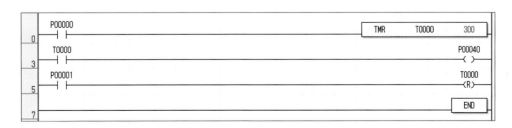

9 S 명령어 1

S 명령어는 스텝 컨트롤 명령어이다.

01 [A접점 P0001] ➡ [출력 S00.01]
  [A접점 P0002] ➡ [출력 S00.02]
  이런 식으로 아래 그림과 같이 입력해 보자.

02 F9 Sxx.xx 명령어를 사용할 경우에는 별도로 자기 유지가 없어도 Sxx.xx는 **자기 유지가 된다.**

0스텝의 P0001이 ON되면 → 출력 S00.01이 동작하여 자기 유지되며 → 6스텝의 A접점 S00.01이 ON되어 → 출력 P0040이 동작된다.

03 S00.01이 ON되어 있는 상태에서 → 2스텝의 A접점 P0002가 ON되면 → 출력
S00.02가 동작하고 → **0스텝의 S00.01이 OFF되며** → 8스텝의 A접점 S00.02가
ON되면 → 출력 P0041이 동작하게 된다. 즉, **S00.01이 OFF되고 S00.02가 ON되**
는 것이다.

04 S00.02가 ON되어 있는 상태에서 → 4스텝의 P0003이 ON되면 → S00.03이 동작
하고 S00.02가 정지하게 된다.

05 12스텝의 A접점 P0004가 ON되면 → 출력 S00.00이 동작하여 모든 S00.xx는
OFF되고 초기화된다.

06 S 명령어 사용 시 F9 를 사용하여 출력할 경우 S00.09, S00.03, S00.01의 순서와
상관없이 먼저 동작한 순서대로 ON된다. 그러나 Shift + F3 을 사용하여 S 명령어
를 진행할 경우는 다르다.

07 S 명령어는 Saa.bb로 나눌 수 있다.
Saa = S00~S99까지 사용할 수 있고,
.bb = 마찬가지로 99까지 사용할 수 있다.
Saa에서 aa는 조를 나타내고(1분단, 2분단, 3분단, ~)
.bb는 스텝을 나타낸다(몇 분단의 1번 자리, 2번 자리, 3번 자리, ~).
예를 들어 S35.09 = 35조의 09번이다.

08 S 명령어 사용 시 같은 조의 접점들만 사용 가능하다.
예를 들어 S01.00 / S01.01 / S01.02 ~ / S01.50 이렇게 사용하고 있는데 S30.51
은 위의 S01.xx와 아무런 상관이 없다.

09 S 명령어를 리셋시킬 때는 해당 조의 번호 뒤에 .00을 입력하면 된다.
S20.00 / S48.00 / S00.00 / S09.00
이렇게 제일 뒤의 숫자가 00이면 리셋시킨다는 것이다.
S 명령어는 같은 조에서 하나만 살 수 있으므로 주의한다.
예를 들어 F9 키를 이용하여 S 명령어를 출력으로 사용할 때 S00.05, S00.07,
S00.44 이렇게 세 가지가 있다. 입력 세 개가 동시에 살게 되면 S 명령어는 높은
수가 우선적으로 살게 된다. 즉, S00.00을 제외한 S00.01~S00.99 중에 동시에 동
작을 하게 된다면 제일 높은 숫자를 가진 S 명령어가 우선적으로 ON된다.

10 S 명령어 2

01 S 명령어 2가 S 명령어 1과 다른 점은 Shift + F3 을 눌러 SET와 같이 사용한다는 것이다.

```
     P00001                                                        S000.01
0  ──┤├────────────────────────────────────────────────────────────(S)──
     P00002                                                        S000.02
2  ──┤├────────────────────────────────────────────────────────────(S)──
     P00003                                                        S000.03
4  ──┤├────────────────────────────────────────────────────────────(S)──
     P00004                                                        S000.00
6  ──┤├────────────────────────────────────────────────────────────(S)──
                                                                 ┌─────┐
                                                                 │ END │
8  ───────────────────────────────────────────────────────────────────
```

02 위와 같이 SET 명령과 S 명령을 같이 사용할 경우 순서대로만 동작한다.
   • $\overset{S000.01}{-()-}$: 출력에 F9 를 사용할 경우 번호 순서와 상관없이 먼저 동작한 순서대로 진행한다. 즉, S00.01 다음에 S00.45가 동작을 하면 그대로 진행한다.
   • $\overset{S000.01}{-(S)-}$: 출력을 SET와 같이 사용할 경우 꼭 번호 순서대로만 동작한다. 즉, S00.01 다음에 S00.05가 동작할 수 없다. S00.01 다음에 S00.02 → S00.03 → S00.04 → S00.05의 순서를 거쳐야 한다.

03 P0001이 ON되면 S00.01이 ON되고 → P0003이 ON되어도 동작하지 않으며 → P0002가 ON되면 S00.01이 OFF되면서 S00.02가 ON되고 → P0001이 ON되어도 다시 뒤로 가지 않는다. 이렇게 순서대로 S00.01~S00.03이 진행을 하고 S00.00이 ON되면 모두 초기화된다.

```
     P00001                                                        S000.01
0  ──────────────────────────────────────────────────────────────────(S)──
     P00002                                                        S000.02
2  ──────────────────────────────────────────────────────────────────(S)──
     P00003                                                        S000.03
4  ──┤├──────────────────────────────────────────────────────────────(S)──
     P00004                                                        S000.00
6  ──┤├──────────────────────────────────────────────────────────────(S)──
                                                                 ┌─────┐
                                                                 │ END │
8  ───────────────────────────────────────────────────────────────────
```

P0000 : 푸쉬 버튼 1   P0002 : 푸쉬 버튼 2

P0040 : 모터 1   P0041 : 모터 2   P0042 : 모터 3

푸쉬 버튼 1을 한 번 누르면 모터 1 가동

푸쉬 버튼 1을 한 번 더 누르면 모터 1, 2 가동

푸쉬 버튼 1을 한 번 더 누르면 모터 1, 2, 3 가동

푸쉬 버튼 2를 누르면 모든 모터 OFF

OUTP 명령어를 이용하고, SET · RST · 카운터 명령어는 사용하지 않는다.

[풀이]를 보기 전에 한번 프로그래밍해 보자.

🔑풀이

먼저 아래의 프로그램을 해석해 보자.

```
      P00000                                                              M00000
0     ┤ ├                                                                 ─(P)─

      M00000    P00002    P00041                                          P00042
3     ┤ ├       ┤/├       ┤ ├                                             ─( )─
      P00042
      ┤ ├

      M00000    P00002    P00040                                          P00041
8     ┤ ├       ┤/├       ┤ ├                                             ─( )─
      P00041
      ┤ ├

      M00000    P00002                                                    P00040
13    ┤ ├       ┤/├                                                       ─( )─
      P00040
      ┤ ├

17                                                                        END
```

A, B접점을 사용하여 출력 P0040~P0042를 자기 유지, 인터록을 시켰다. 이는 설명의 편의를 위해 그런 것이므로 현장에서 적용시킬 때는 M 명령어를 거쳐서 자기 유지, 인터록을 한다.

❶ 푸쉬 버튼 1을 누르면 0스텝의 P0000이 ON되고 → P M0000이 ON되어 END 명령어를 만날 때까지 동작한다. → 3스텝의 M0000이 연결되었지만 A접점 P0041이 차단되었기 때문에 더 이상 나갈 수 없다. → 8스텝의 M0000이 연결되었지만 A접점 P0040 때문에 차단된다. 13스텝의 M0000이 ON되어 → 출력 P0040이 동작하여 자기 유지하고 → 모터 1이 가동된다.

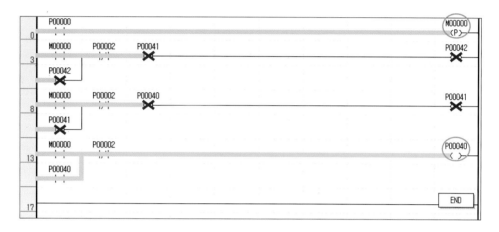

❷ 푸쉬 버튼 1을 한 번 더 누르면 → P M0000이 ON되어 → 3스텝의 M0000이 연결되지만 A접점 P0041 때문에 더 이상 못 나간다. → 8스텝의 M0000이 ON되어 있고 → 이전에 P0040이 ON되어 있기 때문에 A접점 P0040이 연결되어 있어 쭉 지나가서 출력 P0041이 ON되어 자기 유지 → 모터 2가 동작한다.

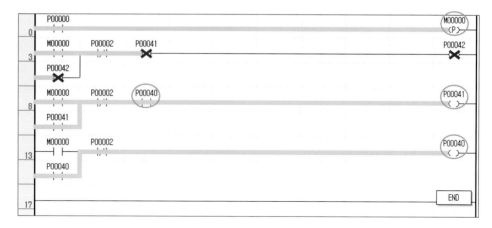

❸ 푸쉬 버튼을 한 번 더 누르면 → P M0000이 ON되어 → 3스텝의 M0000이 ON 되고 → 이전에 P0041이 ON되어 있기 때문에 A접점 P0041이 연결되어 쭉 지나가서 출력 P0042가 동작하고 자기 유지 → 모터 3이 동작한다.

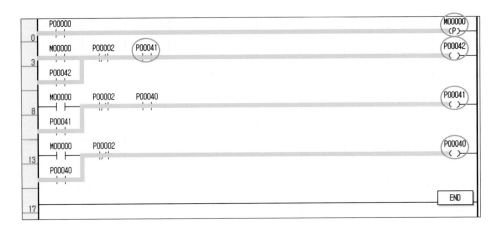

푸쉬 버튼을 누를 때마다 P0040 ON
　　　　　　　　　　P0040, P0041 ON
　　　　　　　　　　P0040, P0041, P0042가 ON되었다.

❹ 푸쉬 버튼 2를 누르면 P0002가 동작하기 때문에 B접점이 끊어지고 전부 자기 유지가 풀려서 모든 모터가 정지하게 된다.

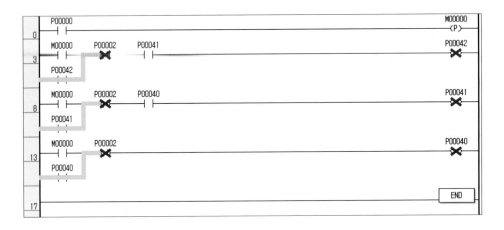

3

PLC 결선

1 릴레이

지금부터는 PLC 결선(전기선 연결)에 대해 알아보자.

01 아래 사진은 14P 릴레이 소켓이다.
여기서 P는 접점을 뜻하며, 총 열네 개의 접점이 있기 때문에 14P라고 한다.

접점(단자) : 전기선 물리는 곳

02 릴레이를 눈으로 볼 때 아래 사진에 표시한 구멍 두 개가 아래로 향해야 한다.

(O)   (X)

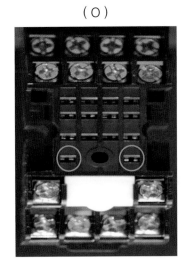   

03 1번은 COMMON(같은 말 : 콤, COM, 컴먼, 콤먼, 공통)
1번과 2번을 합쳐서 **B접점**, 1번과 3번을 합쳐서 **A접점**, 4번은 **코일 단자**이다.

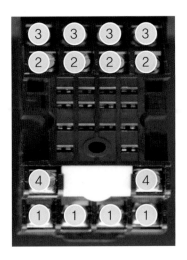

04 같은 가로열의 단자는 같은 기능을 한다

A접점 단자

B접점 단자

코일 단자

공통 단자

05 다음은 중요한 부분이다.

아래 사진에서

1, 2, 3이 한 세트이며 → 1, 2는 B접점, 1, 3은 A접점

ㄱ, ㄴ, ㄷ이 한 세트이며 → ㄱ, ㄴ은 B접점, ㄱ, ㄷ은 A접점

A, B, C가 한 세트이며 → A, B는 B접점, A, C는 A접점

가, 나, 다가 한 세트이며 → 가, 나는 B접점, 가, 다는 A접점

릴레이를 사용할 때는 이렇게 세로로 같은 줄이 한 세트이다.

예를 들어 1과 ㄱ, ㄴ, ㄷ, A, B, C, 가, 나, 다는 서로 아무런 상관이 없다.

3과 ㄴ, ㄷ도 서로 아무런 상관 없다. 세로로 같은 줄에 있는 것이 아니기 때문이다.

그리고 세로로 된 줄에 있는 코일 단자는 제외한다.

06 다음은 릴레이 사진이다.

KH-103-4CL이라고 인쇄되어 있는데 그것은 중요하지 않다. 제조사에서 만들 때 적어 놓은 것으로 이는 제조사마다 다르다. 꼭 알고 싶으면 제조사 홈페이지에서 찾아보면 된다.

중요한 건 아래 사진에 표시한 부분이다. 표시 부분을 보면 220VAC라고 되어 있는데, 이것은 릴레이 사용 시 코일에 넣어 주어야 하는 전원이다. 220VAC는 220V AC(교류) 전원이라는 뜻이다.

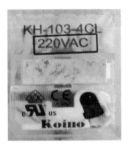

110VAC : 110V AC(교류) 전원 사용
24VAC : 24V AC(교류) 전원 사용
24VDC : 24V DC(직류) 전원 사용
12VDC : 12V DC(직류) 전원 사용

현장에서 근무할 때 릴레이 고장이 의심되어 교체하려는 경우, 꼭 KH-103-4CL이라고 되어 있는 것만 찾을 필요는 없다.

1. 릴레이 다리와 소켓 구멍이 맞는지, 즉 소켓이 14P이면 릴레이 다리도 열네 개이다.
2. 릴레이 사용 전압이 몇 V인지, 그리고 AC 또는 DC인지 알면 된다.

07 릴레이 정면에 표시된 사용 전압 표시가 지워져 있을 때는 릴레이 내부 코일을 보면
알 수 있다.

08 아래 사진은 8P 릴레이 소켓 사진이다. 앞에서 설명한 것과 마찬가지로 가로로 같
은 기능을 하며, 세로로 같은 줄이 한 세트이다.

09 다음은 릴레이를 사용하는 간단한 방법이다.

램프에는 전원 한 개가 항상 들어가고 있다.

이제 나머지 전기만 들어가면 램프가 동작을 한다. 그리고 릴레이 공통 단자에서는 램프에 필요한 나머지 전기가 대기 중이다. 릴레이 코일에 전원을 두 개 넣어 주면 릴레이 코일이 동작하면서, 1번과 3번이 A접점이므로 서로 연결되어 램프에 나머지 전기가 들어가 램프가 동작하게 된다.

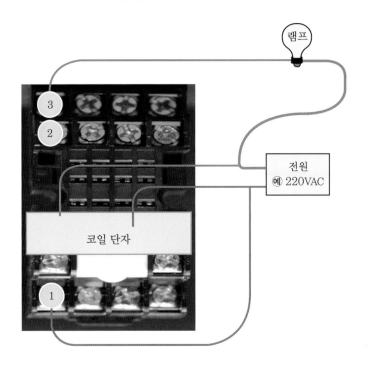

이 책에서 다루는 PLC에서는 릴레이를 사용하여 자기 유지를 하지 않기 때문에 이 정도로 설명하겠다.

POINT

릴레이 코일 단자에 전원 두 개가 들어가면 릴레이가 동작해서 A접점은 연결되고 B접점은 떨어진다는 것은 꼭 알아야 한다.

2 AC, DC

01 PLC 및 시퀀스 제어를 하다 보면 사용 전원이 AC와 DC가 있는 것을 알 수 있다.
이 책에서는 이론보다는 현장에서 바로 알 수 있는 부분 위주로 설명할 것이다.

02 AC는 교류 전압으로 110V, 220V, 380V를 많이 사용한다. (V = 볼트)
DC는 직류 전압으로 5~24V를 많이 사용한다.

03 오실로스코프라는 장비가 있다. 이것은 예를 들어 병원에서 심장 박동수를 체크할 때
파형이 물결치며 움직이는 것을 볼 수 있는 장비를 말한다.

AC 전압을 오실로스코프로 보면 파도 모양같이 물결친다.

DC 전압을 보면 직선으로 보인다.

DC 전압에는 +와 −가 있고, AC 전압이 DC 전압보다 높다.

04 현장 전기 판넬(패널)에서 전압이 AC인지 DC인지를 구분하는 방법에는 여러 가지가
있다. 우선 판넬을 보거나 전기 기기를 보면 사용 전압이 표시되어 있다. 또는 테스터
기로 체크하는 방법도 있다.

• **AC를 확인할 때**
R, S, T는 3상 전원을 표시한다. 보통 220~480V일 때 이와 같이 표시한다. U, V,
W는 모터측에 많이 표시한다. 보통 220~480V이다.
R220, R200, R100, T220, T110, T100 등으로 표시하기도 하는데 마찬가지로 AC
전압이라는 뜻이다. 그리고 220, 200, 110, 100이라고 표시하기도 한다.

대체로 흰색 선과 검정색 선을 많이 사용하고, 또 선의 굵기가 DC 전원선보다 보통은 굵다(실제로는 다를 수도 있다).

• DC를 확인할 때

P, N, G

DC 24V, +24V, −24V

P24, N24

P24V, N24V

이와 같이 표시한다.

갈색 선은 +, 파란색 선은 −로 많이 사용한다(언제나 그런 것은 아니므로 참고만 한다). 빨간색 선도 +로 많이 사용한다. 검정색 선은 신호선으로 + 또는 −일 수가 있다.

이렇게 판넬을 열어 전기선에 적혀 있는 것을 보았을 때 R, S, T란 영어가 표시되어 있으면 AC 전압이고, P, N, G란 영어가 표시되어 있으면 DC 전압이다(실제로는 차이가 있을 수도 있다).

05 전기 용어 중에는 전압, 전류, 저항이 있다.

V = 전압(볼트, V)

I = 전류(암페어, A)

R = 저항(옴, Ω)

대체로 배관이 클수록 문도 세게 흘러간다. 그래서 전압이 높으면 전류도 세지는 것이다. 전압을 말할 때는 '크다, 작다'라고 말하고, 전류를 말할 때 '세다, 약하다'라고 말한다.

> **POINT**
>
> 전압 : 물이 흘러가는 배관
> 전류 : 배관을 흘러가는 물
> 저항 : 배관 안의 물이 흘러가는 것을 방해하는 돌멩이

06 전기 작업을 할 때는 위험에 대비해서 항상 마른 장갑을 사용해야 한다.

3　PLC 전원 연결하기

01　아래 사진은 XGT PLC이며, 제일 왼쪽이 전원부이다.

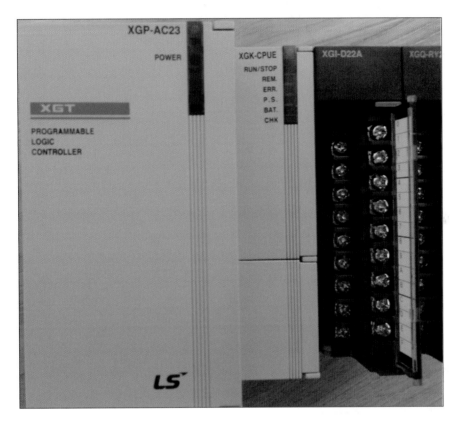

02 커버를 열면 여러 개의 단자(전기선 물리는 곳)가 있고, 제일 하단에 있는 두 개가 PLC 전원이다.

이곳에 AC 220V를
두 개 넣어 주면 PLC
전원이 공급된다.

03 위의 사진을 보면 아래와 같은 기호가 있는데, 보통 이 기호는 AC 전원을 이곳에 연결시키라는 뜻이다.

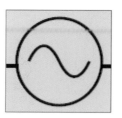

04 마찬가지로 옆에 INPUT 200~240VAC라고 표시되어 있는데, 이것도 역시 AC 전원 200~240V 사이의 전기를 이곳에 연결시키라는 뜻이다.

05 그럼 이제 PLC에 전원을 연결해 보자.

  콘센트에서 220V 전기 한 개가 항상 PLC의 전원 단자 한 개로 들어가고 있다. 이
  제 전기가 한 개만 더 들어가면 동작을 하게 되는데 스위치 앞에 막혀 있다.

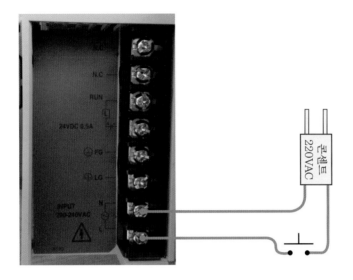

  실제로 배선을 할 때는 차단기나 퓨즈 등을 거쳐서 전원을 연결한다. 여기에서는
  간단하게 이렇다는 것만 이해하면 된다.

06 콘센트에 꽂으면 바로 전원을 공급할 수 있게 한 것이다. 가정에서 실습할 때 이런
  식으로 하면 편하다.

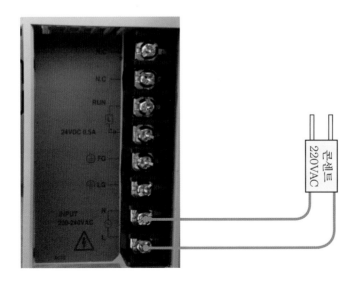

4 입력 공통(COM) 연결

01 아래 표시된 부분이 PLC의 입력부이다.

02 위에 표시된 부분을 그림으로 보면 아래와 같다.

첫 번째에 카드가 꽂혀 있으므로 이것은 P0000~P000F로 프로그래밍된다. 만약 이 입력 기드기 세 번째에 꽂혀 있으면 P0020~P002F로 프로그래밍될 것이다.

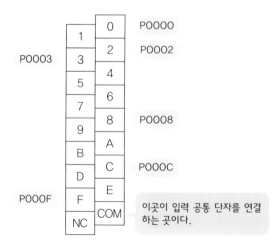

03 입력 공통 단자를 연결하기 위해서 우선 본인이 가지고 있는 PLC의 입력 카드에 어떤 전기를 사용해야 하는지 알아둘 필요가 있다.

이 책에서 설명하는 입력 카드는 XGI-D22A이다. 나중에 메뉴얼 찾아보는 방법을 따로 설명하겠지만 우선 여기에서는 이것만 설명하겠다.

- XGI-D22A = 16점(PXXX0~PXXXF)

    DC24V 전기를 사용하여 COM에 연결해야 함. 이때 DC24V 전기의 +, -는 둘 다 사용 가능
- XGI-D22B = 16점(PXXX0~PXXXF)

    DC24V 전기를 사용하여 COM에 연결해야 함. 이때 DC24V 전기는 +만 사용 가능
- XGI-D21A = 8점(PXXX0~PXXX7)

    DC24V 전기를 사용하여 COM에 연결해야 함. 이때 DC24V 전기의 +, -는 둘 다 사용 가능

위에서 XGI 뒤에 붙는 A는 DC 전원 +, -를 COM에 연결 가능하다고 하였다. 이것은 싱크/소스 타입이라고 한다. 그리고 XGI 뒤에 붙는 B는 DC 전원 +만 COM에 연결 가능하다는 뜻으로 소스 타입이라고 한다.

그리고 XGI 뒤에 붙는 숫자가 21이면 8점이고, 22면 16점인 것을 알 수 있다.

04 아래 사진은 파워 서플라이이다. AC220V 전원을 넣어 주면 DC24V가 나온다. 기본적으로 단자대 옆에 아래와 같이 표시가 되어 있으니 참고하면 된다.

이곳에서 DC24V가 나온다.

이곳에 AC220V를 연결해 준다.

05 입력 공통 단자를 −DC24V에 연결하였다.

연결이 완료되어서 이제 각각의 접점 P0000~P000F 단자에 +DC24V 전기가 들어가면 **프로그램상의 접점이 동작하게 된다.**

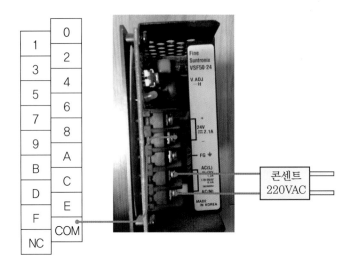

06 가정에서 실습할 때 파워 서플라이를 구입하기 힘들면 PLC 전원부 자체에서 DC24V가 나오는 전원부를 이용하기도 하는데, 현장에서 실무를 하기 위해서 돈이 좀 더 들더라도 파워 서플라이를 구매하여 연습해 보자.

5 입력 연결

앞에서 입력 공통 단자를 연결해 보았다. 이제 각 입력 단자에 연결해 보자.

입력에는 스위치, 센서 등이 있으며, 스위치에는 푸쉬 버튼(복귀형), 실렉트 스위치(유지형) 등이 있다. 센서에는 리미트, 수투광기, 레벨 검출, 자계 검출, 수위 검출, 용량 검출, 금속 검출 등이 있다. 여기서는 간단하게 스위치와 포토 센서를 이용해 보자.

01 아래는 파워 서플라이에 AC220V 전원을 연결하여 파워 서플라이에서 DC24V가 나오고 있는데 −DC24V를 PLC 입력 카드 공통 단자(COM)에 연결한 상태이다.

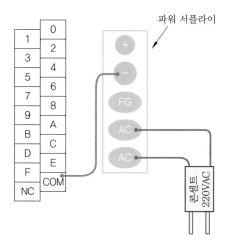

02 파워 서플라이 +DC24V를 스위치 한쪽에 연결하였다.

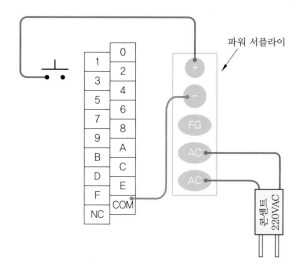

03   스위치 나머지 한쪽은 PLC 입력 P0003에 연결하였다.

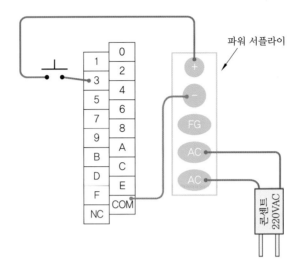

PLC 입력 공통 단자(COM)에 −DC24V가 들어가고 있으므로 PLC 입력 접점 P0000~P000F의 단자는 +DC24V 전기만 들어가면 동작하는 것을 이용하여 스위치를 중간에 설치하였다.

이제 위의 그림에서 스위치를 누르면 프로그램상의 P0003이 동작하게 된다.

04   스위치를 좀 더 연결해 보자.

아래 PLC는 각각의 스위치를 누르면 P0003, P0004, P0008에 +DC24V 전기가 들어가 프로그램상의 P0003, P0004, P0008이 동작하게 된다.

만약 이 입력 카드가 네 번째에 꽂혀 있으면, 스위치를 누르면 P0033, P0034, P0038이 동작한다.

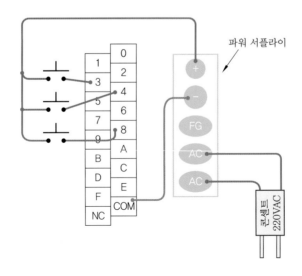

05 포토 센서로 예를 들어 보면, 포토 센서도 제조사마다 사용 방법이 다르므로 그때그
    때 사용 설명서를 읽어 보면서 사용해야 한다.

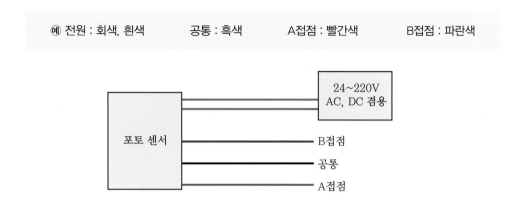

포토 센서의 회색이나 흰색 선에 AC 또는 DC 전기 24~220V를 넣어 준 상태에서
포토 센서가 어떠한 것을 감지하면 포토 센서 내부의 흑색 선과 빨간색 선이 연결
되고, 포토 센서가 아무것도 감지하지 못하면 흑색 선과 파란색 선이 연결되는 것
이다. 제조사마다 선의 색깔에 따라 전원인지 A접점인지가 다르므로 꼭 설명서를
확인해야 한다.

06 포토 센서의 전원이 FREE 전원이기 때문에 그냥 파워 서플라이의 DC24V 전기를
    연결하였다.

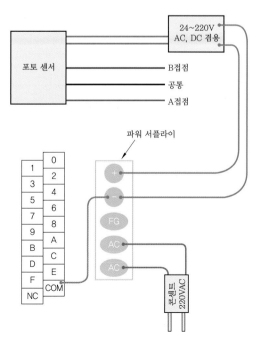

07 파워 서플라이의 +DC24V 전기를 포토 센서 입력 공통 단자(COM)에 연결하였다.
    이제 포토 센서가 동작하면 +DC24V 전기가 나간다.

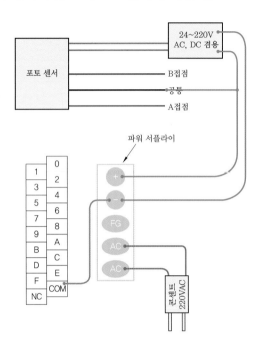

08 포토 센서의 A접점을 PLC 입력 카드의 P000F에 연결하였다. 이제 포토 센서가 동
    작하면 +DC24V 전기가 PLC 입력 카드의 P000F로 들어가 프로그램상의 P000F
    가 동작할 수 있다.

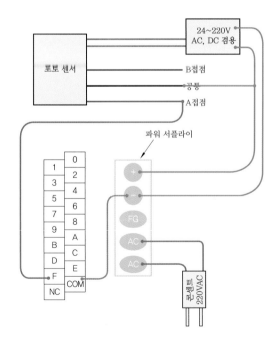

아래 그림을 이용하여 입력 카드에 −24VDC COM을 연결하고 스위치를 누르면 P0003이 동작하고, 포토 센서가 동작하면 P0008이 OFF되는 연결을 해 보자. 포토 센서는 AC220V 전원을 사용한다.

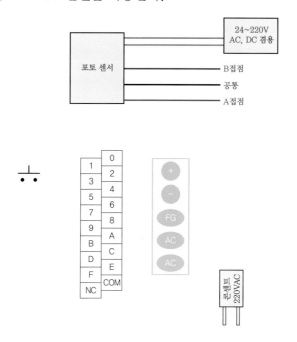

 풀이

❶ 파워 서플라이에 AC220V를 연결하고, 포토 센서 전원에 AC220V를 연결하였다.

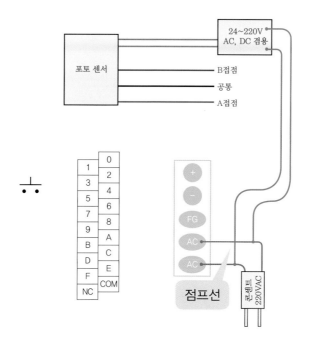

❷ PLC 입력 카드 COM에 −24VDC 전기를 연결하였다.

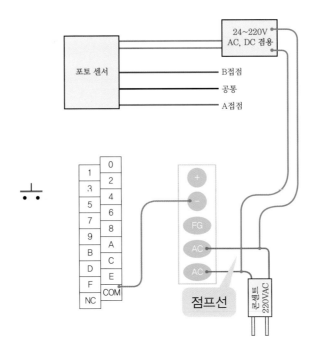

❸ 스위치와 포토 센서 COM에 +DC24V를 연결하였다.

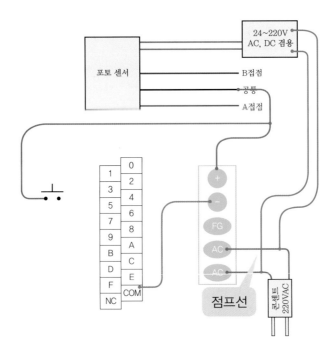

❹ 스위치와 P0003을 연결하였고, **포토 센서 B접점을 P0008에 연결하였다.** 입력 카드는 −DC24V를 COM에 연결하였기 때문에, 입력 카드가 동작을 하려면 입력 카드 접점에 +DC24V 전기가 들어가야 한다. 스위치 한쪽에 +DC24V를 연결하였기 때문에 스위치를 누르면 +DC24V가 P0003으로 들어가 동작을 한다.

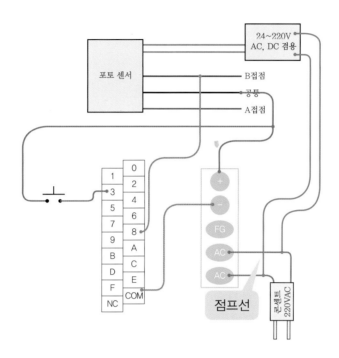

그리고 포토 센서가 **동작을 하지 않고 있을 때도 PLC의 입력 카드 P0008은 동작을 한다.** 그 이유는 포토 센서의 **B접점**을 사용하였기 때문이다. 포토 센서가 동작을 하면 포토 센서 내부의 A접점은 ON되고 B접점은 OFF된다.

6 출력 공통(COM) 연결

01 아래 표시된 부분이 출력부이다.

02 위에 표시된 부분을 그림으로 보면 아래와 같다.

두 번째에 카드가 꽂혀 있으므로 이것은 P0010~P001F로 프로그래밍된다. 만약 이 출력 카드가 세 번째에 꽂혀 있으면 P0020~P002F로 프로그래밍될 것이다.

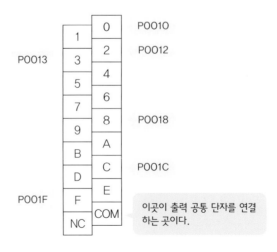

이곳이 출력 공통 단자를 연결하는 곳이다.

03 출력 공통 단자를 연결하기 위해서 우선 본인이 가지고 있는 PLC의 출력 카드에 어떤 전기를 사용해야 하는지 알아둘 필요가 있다.

이 책에서 설명하는 출력 카드는 XGQ-RY2A이다. 나중에 메뉴얼 찾아보는 방법을 따로 설명하겠지만 우선 여기에서는 이것만 설명하겠다.

- XGQ-RY2A = 16점(PXXX0~PXXXF)

  DC12~24V, AC110~220V를 COM에 연결하여 사용 가능함

- XGQ-RY1A = 8점(PXXX0~PXXX7)

  DC12~24V, AC110~220V를 COM에 연결하여 사용 가능함

- XGQ-TR2A = 16점(PXXX0~PXXXF)

  DC12~24V 전기를 사용하여 COM에 연결해야 함. 이때 DC24V 전기의 -만 사용 가능

04 아래 사진은 파워 서플라이이다. AC220V 전원을 넣어 주면 DC24V가 나온다. 기본적으로 단자대 옆에 아래와 같이 표시가 되어 있으니 참고하면 된다.

이곳에서 DC24V가 나온다.

이곳에 AC220V를 연결해 준다.

05 이 책에서 사용하는 출력 카드는 DC12~24V, AC110~220V가 사용 가능하다. 출력 공통 단자를 −DC24V에 연결하였다. 연결이 완료되어서 **이제 PLC 프로그램의 P0010~P001F가 동작을 하면 해당 단자에서 −DC24V 전기가 나오게 된다.**

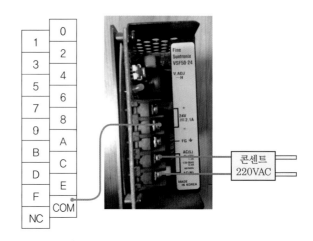

위의 PLC 출력 카드는 릴레이 출력 카드라고도 하는데 카드 내부에 릴레이들이 있어 스위치 역할을 한다. 그래서 COM(공통) 단자에 AC220V를 연결하면 단자에서 AC220V가 나오고, DC+24V를 연결하면 단자에서 DC+24V가 나온다.
앞에서 설명한 입력 카드와 개념이 다르니 반드시 이해하고 넘어가자.

06 출력 공통 단자를 AC220V에 연결하였다.
연결이 완료되어서 **이제 PLC 프로그램의 P0010~P001F가 동작을 하면 해당 단자에서 AC220V 전기가 나오게 된다.**

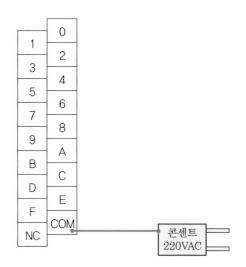

7 출력 연결

01 출력 기기는 모터, 솔 밸브, 형광등, 부저, 컴퓨터, 모니터, 램프 등 종류가 아주 많다. 실제로 어떠한 동작을 하는 기기들이다.

아래와 같이 AC220V 전기를 COM에 연결하였다.

이제 램프, 솔 밸브, MC, 릴레이를 동작시키키 위하여 연결해 보자.

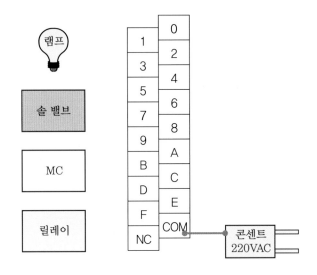

02 220V 콘센트의 나머지 한 개를 램프, 솔 밸브, MC, 릴레이에 연결하였다. 현재 전기 기기들은 AC220V 전기 한 개가 항상 들어가고 있는 상태이다. 하지만 전기 한 개만 들어가서는 이 전기 기기들은 동작을 못한다.

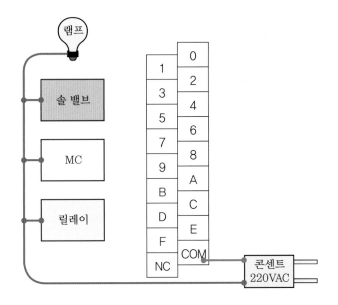

03 PLC 출력 카드의 P0010 단자에 램프를 연결하였다.

이제 프로그램상의 P0010이 동작을 하면 COM 단자의 AC220V 전기가 P0010으로 흘러 들어가 램프에 들어가게 되어 램프가 동작하게 된다. 램프에 전기 두 개가 공급되어 동작하는 것이다.

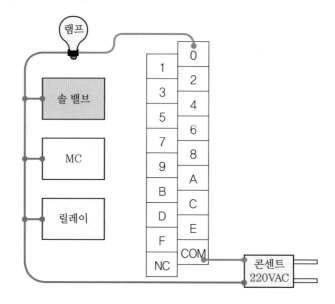

04 PLC 출력 카드의 P0013 단자에 솔 밸브를 연결하였다. 이제 프로그램상의 P0013이 동작을 하면 COM 단자의 AC220V 전기가 P0013으로 흘러 들어가 솔 밸브에 들어가게 되어 솔 밸브가 동작하게 된다.

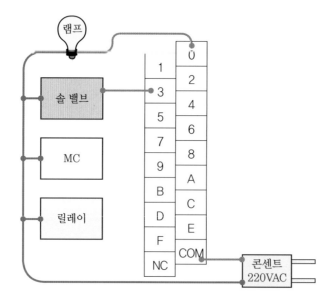

05 PLC 출력 카드의 P0019, P001D 단자에 각각 MC, 릴레이를 연결하였다. 이제 프로그램상의 P0019, P001D가 동작을 하면 COM 단자의 AC220V 전기가 P0019, P001D로 흘러 들어가 MC, 릴레이에 들어가게 되어 동작하게 된다.

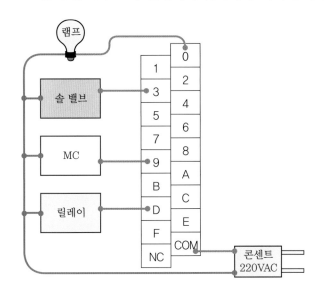

이렇게 전기 기기들에 전기 두 개가 들어가야 동작한다는 것을 이용하여, 우선 전기 기기들에 전기 한 개를 항상 공급하고 있는 상태에서 PLC의 출력이 동작하면 전기 기기에 필요한 나머지 전기 한 개가 들어가서 전기 기기들이 동작을 하게 되는 것이다. 이 내용은 아주 중요한 것이며, 처음 전기나 PLC를 다룬다면 꼭 이해하고 넘어가야 한다.

POINT

전기 기기들 중에 AC 전기를 사용하는 것과 DC 전기를 사용하는 것들이 있다.

AC 전기에 R, S, T상이 있다면 DC 전기에는 +, −가 있다.

AC 전기 R, S, T 중에 두 개를 사용하면 전기 기기들이 동작을 하고, DC 전기는 +, −를 넣어 줘야 기기들이 동작을 한다. 만약에 DC 전원을 사용해야 하는 전기 기기라면 PLC 공통 단자에 +나 − 전기를 넣어 주고, PLC 공통 단자에 +전기가 들어가고 있다면 전기 기기들에는 −단자를 연결하여 −전기가 항상 전기 기기에 들어가도록 해야 한다. 전기가 전기 기기에 들어가면 동작을 하는데 이 부분을 컨트롤하기 위해서 중간에 PLC를 사용하는 것이다.

모터 중에 3상 모터라는 것이 있다. 3상 모터는 전기 R, S, T, 이 세 개를 모두 사용하는 것이다. PLC를 사용하여 2상 모터나 3상 모터를 동작시키고 싶을 때는 꼭 MC(전자 접촉기)를 사용해야 한다. PLC에서 전기를 모터에 바로 연결하면 안 된다.

8 PLC 결선 복습하기

01 아래 PLC에는 입력 한 개와 출력 한 개, A/D 변환 한 개가 있다. 여기서는 A/D
변환 모듈은 제외하고 입출력만 설명하겠다. 입력은 XGI-D22A, 출력은 XGQ-
RY2A이다.

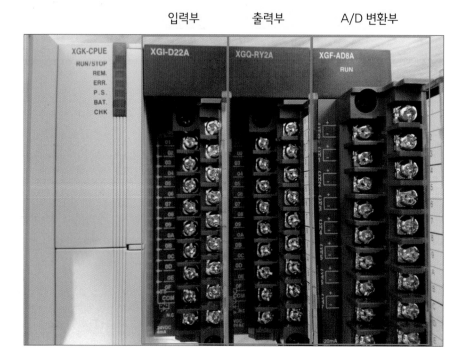

02 이러한 XGI-D22A, XGQ-RY2A가 무엇인지 알아보는 방법이 있다.
우선 LS산전 홈페이지에 접속하여 이 책 처음에 설명한 Download 자료실로 들어가
아래 화면의 다운 항목에서 카탈로그를 선택한다.

03 그리고 아래와 같이 xgt를 입력한 후 검색을 클릭한다.

04 아래와 같이 나오면 수정일을 확인하여 최신 카탈로그를 클릭한다.

05 첨부 파일을 바탕 화면에 다운받아 파일을 열어 본다.

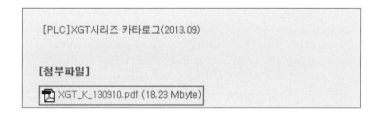

위의 파일을 보기 위해서는 별도로 어도비 리더 프로그램이 필요하다. 인터넷에서 어도비 리더를 검색해서 다운받아 설치하면 된다.

06 다운받은 파일을 클릭해서 열어 보면 아래와 같이 나온다.

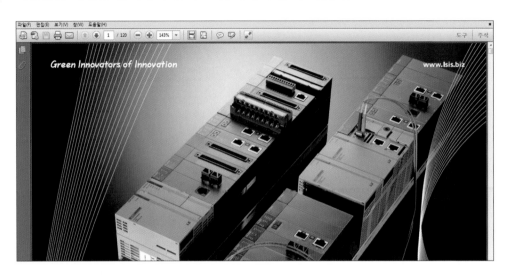

07 Ctrl + F 키를 눌러 화면 우측 상단에 아래와 같이 찾기 입력 박스가 나오면 이곳에 XGI–D22A를 입력한 후 Enter 키를 한 번 누른다.

08 처음엔 아래와 같이 나온다. 여기서 (Enter) 키를 한 번 더 누른다.

구분	입력 모듈		
	AC110V	AC220V	DC24V
8점	-	XGI-A21A	XGI-D21A
16점	XGI-A12A	XGI-A21C	XGI-D22A
	-	-	XGI-D22B
32점	-	-	XGI-D24A
	-	-	XGI-D24B
64점	-	-	XGI-D28A
	-	-	XGI-D28B

구분	출력 모듈		
	릴레이	트라이액	트랜지스터
8점	XGQ-RY1A		XGQ-TR1C
16점	XGQ-RY2A	XGQ-SS2A	XGQ-TR2A
	XGQ-RY2B	-	XGQ-TR2B
32점	-	-	XGQ-TR4A
	-	-	XGQ-TR4B
64점			XGQ-TR8A

09 아래와 같은 화면이 나온다.

입력모듈사양

규 격	DC입력							AC입력		
형명	XGI-D21A	XGI-D22A	XGI-D22B	XGI-D24A	XGI-D24B	XGI-D28A	XGI-D28B	XGI-A12A	XGI-A21A	XGI-A21C
입력점수	8점	16점		32점		64점		16점	8점	8점
정격입력전압	DC24V							AC100~120V	AC100~240V	AC100~240V
정격입력전류	4mA							8mA	17mA	17mA
On전압/전류	DC19V이상 / 3mA이상							AC80V이상/5mA이상	AC80V이상/5mA이상	AC80V이상/5mA이하
Off전압/전류	DC11V이하 / 1.7mA이하							AC30V이하/1mA이하	AC30V이하/2mA이하	AC30V이상/1mA이하
응답시간 Off→On	1ms/3ms/5ms/10ms/20ms/70ms/100ms(I/O 파라미터에서 설정, 초기값:3ms)							15ms이하		
On→Off	1ms/3ms/5ms/10ms/20ms/70ms/100ms(I/O 파라미터에서 설정, 초기값:3ms)							25ms이하		
공통(COM)방식	8점/1COM	16점/1COM		32점/1COM				16점/1COM	8점/1COM	1점/1COM
절연방식	포토커플러							포토커플러		
소비전류 (mA)	20	30		50		60		30	20	20
중량 (kg)	0.1	0.12		0.1		0.15		0.13	0.13	0.13

※ XGI-xxxA: 소스/싱크타입   XGI-xxxB: 소스타입

10 표시된 부분을 잘 보면 XGI-D22A는 입력 점수가 16점이고, 정격 입력 전압은 DC24V 등 정보가 자세히 나와 있다(화면이 작게 보이면 [Ctrl] 키를 누른 상태에서 마우스 휠을 움직여 본다).

규 격		DC입력						
형명		XGI-D21A	XGI-D22A	XGI-D22B	XGI-D24A	XGI-D24B	XGI-D28A	XGI-D28B
입력점수		8점	16점		32점		64점	
정격입력전압		DC24V						
정격입력전류		4mA						
On전압/전류		DC19V이상 / 3mA이상						
Off전압/전류		DC11V이하 / 1.7mA이하						
응답 시간	Off→On	1ms/3ms/5ms/10ms/20ms/70ms/100ms(I/O 파라미터에서 설정, 초기값:3ms)						
	On→Off	1ms/3ms/5ms/10ms/20ms/70ms/100ms(I/O 파라미터에서 설정, 초기값:3ms)						
공통(COM)방식		8점/1COM	16점/1COM		32점/1COM			

위의 설명서를 보고 입력 카드에는 어떤 것이 있는지, 또 자신에게 필요한 입력 카드는 어떤 것을 구매해야 하는지 확인할 수 있다.

11 그리고 아래에 XGI-xxxA : 소스/싱크 타입, XGI-xxxB : 소스 타입이라고 나와 있는데 소스/싱크 타입은 입력 카드의 COM을 사용할 때 DC24V의 전기를 +, − 둘 다 사용 가능하다는 뜻이고, 소스 타입은 COM을 사용할 때 DC24V의 전기를 +만 사용할 수 있다는 뜻이다. 이 책에서 사용한 입력 카드는 XGI-D22A이므로 소스/ 싱크 타입이다.

중량 (kg)	0.1	0.12
※ XGI-xxxA: 소스/싱크타입 XGI-xxxB: 소스타입		

12 다시 [Ctrl] + [F]를 눌러 XGQ-RY2A를 입력한 후 찾아보면 아래와 같이 나온다. XGQ-RY2A는 릴레이 타입이고, 출력 점수는 16점, 정격 부하 전압은 DC12/24V, AC110/220V라고 나와 있다. 이 정격 부하 전압은 출력 카드와 전기 기기를 연결할 때 사용 가능한 전압이다. 옆의 XGQ-TR2A를 보면 정격 부하 전압이 DC12/24V라고 나와 있는데 이 출력 카드는 AC220V 전기를 사용하면 안 된다는 뜻이다.

규 격		릴레이						트랜지스터	
형명		XGQ-RY1A	XGQ-RY2A	XGQ-RY2B	XGQ-TR1C	XGQ-TR2A	XGQ-TR2B	XGQ-TR4A	XGQ-TR4
출력점수		8점	16점		8점	16점		32점	
정격부하전압		DC12/24V, AC110/220V						DC12/24V	
정격입력 전류	1점	2A			2A	0.5A			
	공통	5A			-	4A			
응답 시간	Off→On	10ms이하			3ms이하			1ms이하	
	On→Off	12ms이하			10ms이하			1ms이하	
공통(COM)방식		1점/1COM	16점/1COM		1점/1COM	16점/1COM			
절연방식		릴레이						포토커플러	
소비전류 (mA)		260	500		100	70		130	
중량 (kg)		0.13	0.17	0.19	0.11	0.11		0.1	
서지킬러		-	바리스터					제너다이오드	
외부공급전원		-			-			DC 12/24V	

※ XGQ-RY2A: 서지킬러 미장착   XGQ-RY2B: 서지킬러 내장
※ XGQ-TRxA: 싱크타입   XGQ-TRxB: 소스타입

이렇게 XGT 시리즈 PLC의 모듈을 알아보고 싶을 때는 메뉴얼을 이용하여 찾아본다.

13   아래 그림을 이용하여 스위치를 누르면 릴레이가 동작할 수 있게 해 보자.

14   차단기에서 전기 두 개를 파워 서플라이에 넣어 준다. 이제 파워 서플라이에서 DC24V 전기가 나오게 된다.

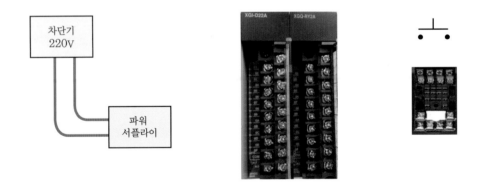

15 파워 서플라이의 DC-24V를 입력 공통 단자(COM)에 연결한다(사진이 작아서 안보일 수 있다. 입력, 출력 카드의 COM 단자는 하단 오른쪽에 있다).

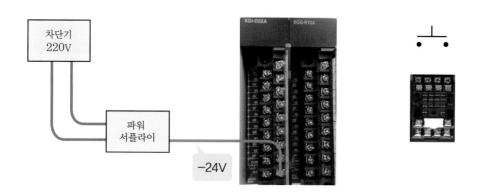

16 파워 서플라이의 DC+24V 전기를 스위치 한쪽에 연결하고 반대쪽은 PLC의 접점에 연결한다. 이제 스위치를 누르면 DC+24V 전기가 P0000 접점으로 들어가서 프로그램상의 P0000이 동작하게 된다.

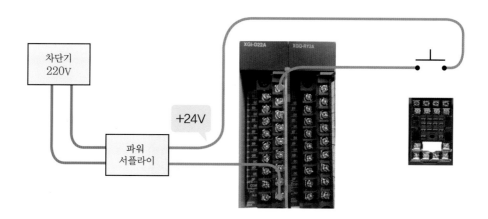

17 차단기의 AC220V 중 한 개를 PLC의 출력 COM에 연결한다.

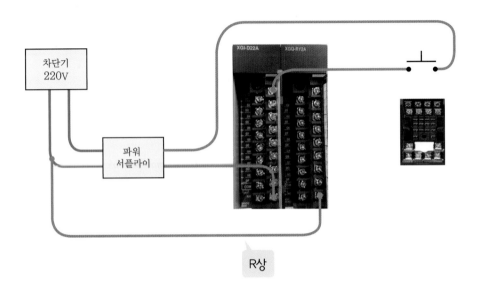

18 그리고 차단기의 나머지 전기를 릴레이 소켓의 코일 단자 부분에 연결한다.

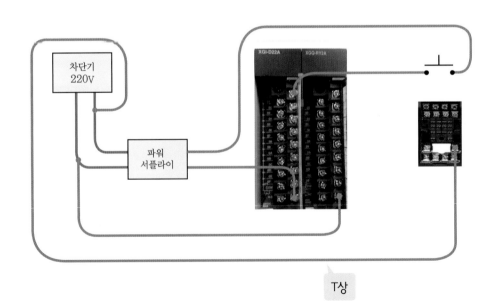

19 릴레이 소켓 코일 단자의 나머지 부분과 PLC 출력 카드의 P0010을 연결한다. 이제
   프로그램상의 P0010이 동작하면 릴레이가 동작을 하게 된다.

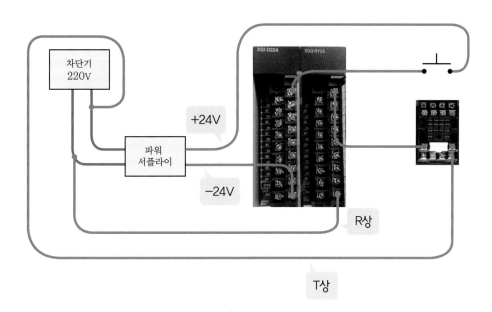

20 이제 릴레이의 A, B 접점을 이용하여 어떠한 전기 기기도 동작시킬 수 있다. 위에
   서는 AC220V를 릴레이 전원으로 사용하였지만 릴레이의 사용 전원이 DC24V이면
   파워 서플라이에서 연결하면 된다.

9   실린더와 솔 밸브

몇 가지 예제를 풀기 전에 실린더와 솔 밸브라고도 하는 솔레노이드 밸브에 대하여 알아보자.

01   실린더는 에어 또는 유압이 들어가고 나가는 것을 이용하여 전진, 후진하는 것이다. 아래 그림은 실린더 내부이며, 현재 후진 상태이다.

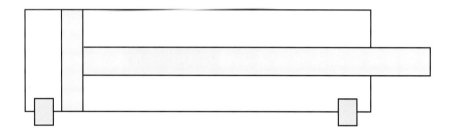

02   다음은 에어가 실린더 뒤에서 들어갈 경우이다.

패
킹

에어

03 에어가 실린더 내부로 들어가면 실린더 내부는 밀봉된 상태이기 때문에 압력에 의
하여 패킹을 밀어 버리고 실린더 내부에 있던 에어도 빠져나온다. 이렇게 하면 실
린더가 전진하게 된다.

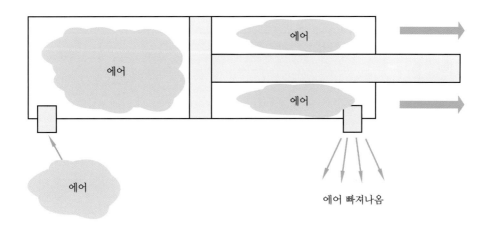

만약 실린더의 에어 투입구 반대편이 막혀 있다면 실린더 내부에 있던 에어가 빠져
나오지 못하기 때문에 실린더는 움직이지 못한다.
실린더에는 에어 또는 유압 투입구가 있는데 이 투입구 중 한 곳에 에어나 유압을
넣어 주면 반대편 투입구에서는 에어 또는 유압이 나와야만 동작을 한다.

04 실린더가 전진한 상태에서 앞에서 에어를 넣어 주면 다음과 같이 된다.

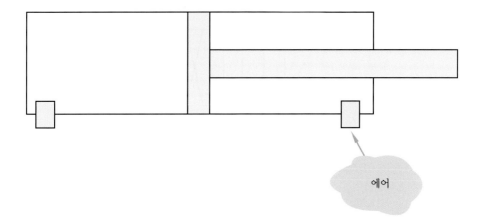

에어가 실린더 패킹을 밀어 버려 후진하게 된다.

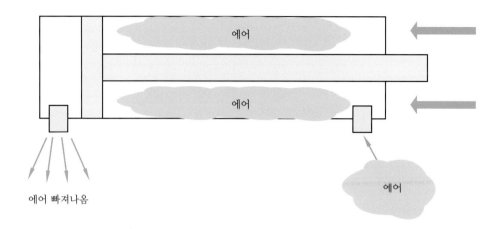

이런 식으로 실린더 뒤에서 에어나 유압을 넣어 주면 실린더가 전진하고, 실린더 앞에서 에어나 유압을 넣어 주면 실린더가 후진하게 된다.

05   다음은 솔레노이드 밸브의 기호이다.

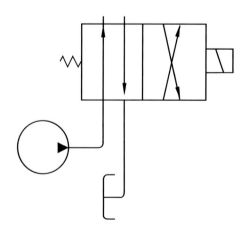

06   솔레노이드 밸브의 각 부위에 대해 알아보자(솔 밸브의 실물 모양은 아주 다양하
다. 밸브에 다음과 같은 기호들이 있으니 실물을 봤을 때 당황하지 말고 기호만 보
자). 아래 표시한 부분은 스프링 기호이다.

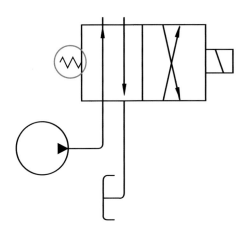

07   솔레노이드 밸브는 솔레노이드와 밸브를 합쳐서 부르는 것으로 표시된 부분이 솔레
노이드이다. 전기 두 개가 들어가면 자석이 된다. 이 솔레노이드 부분은 코일이라고
도 한다. 이 코일 부분이 고장 나면 따로 코일만 교체 가능하다(교체 안 되는 것도
있다).

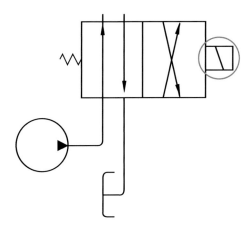

08 다음 표시된 부분은 에어 또는 유압이 공급된다는 기호이다.

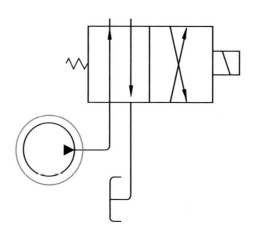

09 다음은 에어 또는 유압이 빠져나오는 기호이다. 같은 말로 현장에서는 퍼지, 드레인이라고 한다.

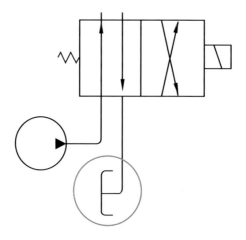

10   다음은 솔레노이드 밸브 내부의 에어나 유압이 지나다니는 통로를 표시한 것이다.

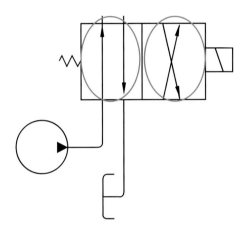

11   아래 기호들을 해석해 보면 4/2WAY 편솔 스프링 복귀형 밸브이다(영어로 포, 투웨이이다). 여기서 4는 솔레노이드 밸브의 에어나 유압 피팅, 니플을 체결하는 곳을 나타내는 것으로, 이 구멍이 네 개라는 뜻이다. 아래 그림에 표시된 네 개의 부분에서 체결한다.

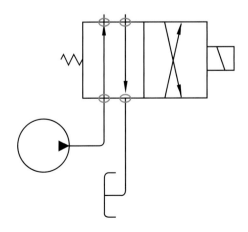

피팅이나 니플은 같은 말인데 솔레노이드 밸브 자체에 에어 호스나 유압 호스를 삽입
할 수 없기 때문에 솔레노이드 밸브와 별도로 체결하는 것이다. 아래와 같은 모양이다.

아래 사진은 솔레노이드 밸브이다. 표시된 부분에서 피팅을 체결하면 된다.

12   4/2WAY에서 2는 솔레노이드 밸브의 ROOM(방)이 두 개라는 것이다.

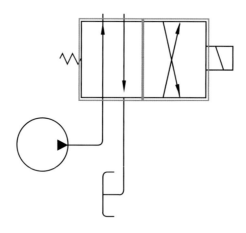

13 편솔이라는 것은 코일이 한 개라는 뜻이며, 코일이 두 개일 때는 양솔이라고 한다.
편솔일 때는 보통 스프링을 사용하여 복귀하고, 양솔일 경우는 코일만 가지고 복귀
한다.

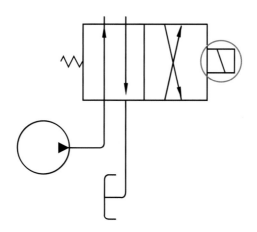

14 4/2WAY 편솔 밸브의 동작을 설명한다.
아래 그림은 에어가 솔 밸브 내부에 투입되어 통로를 따라 나가고 있는 중이다.
이 상태에서는 실린더가 전진 상태이다.

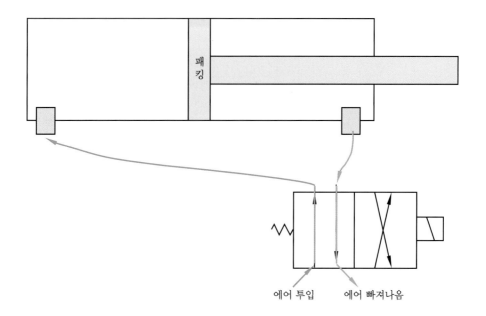

15   이때 솔레노이드(코일)가 동작을 하면 자석이 되어서 밸브의 방(ROOM)이 움직이게
      된다. 즉, 에어 투입 부분은 그대로 있는데 밸브 내부의 방이 바뀌면서 실린더 뒤에
      서 투입되어 밀어 주던 에어가 앞을 밀어 주게 되어 실린더가 후진을 하게 되는 것
      이다.

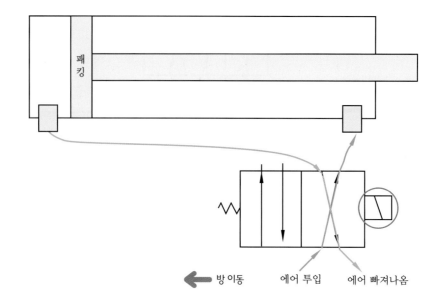

방 이동   에어 투입   에어 빠져나옴

16   솔레노이드 밸브의 코일이 정지하면 스프링에 의하여 밸브 내부의 방이 다시 복귀
      되어 원래대로 돌아오게 된다.

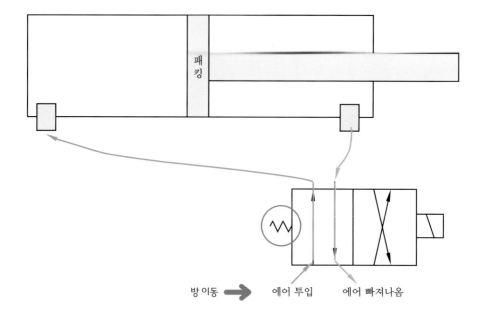

방 이동   에어 투입   에어 빠져나옴

조건

시작 스위치(푸쉬 버튼) : P0000   정지 스위치(푸쉬 버튼) : P0001

실린더 전진 검출 센서 : P0002   금속 검출 센서 : P0003

제품 검출 센서 : P0004   컨베이어 모터 : P0040

실린더 솔 밸브(편솔) : P0041

위의 예제는 실제 현장에서 사용하는 것으로 제품은 요구르트라고 생각하자.

요구르트의 경우, 제품의 내용물이 밖으로 나가지 못하게 윗부분을 은박지로 씌워 놓았다. 제품 생산 중에 이 은박지가 씌워져 있지 않을 경우 감지하여 실린더로 내보내는 것이다(실제 현장에서는 그냥 에어로 내보낸다). 제품이 컨베이어를 따라 이송되는 중에 은박지가 안 씌워져 있을 경우 0.5초 뒤에 실린더가 동작하여 제품을 쳐내게 하고 반복 동작이 되어야 한다.

시작 스위치 ON → 컨베이어 구동 → 제품이 양품일 경우 그냥 통과 → 제품이 불량일 경우 제품 검출 센서 ON, 금속 검출 센서 ON → 0.5초 뒤 실린더 동작 → 실린더 전진 검출 후 실린더 후진 → 정지 스위치 ON → 컨베이어 정지

🔑**풀이**

❶ 설명의 편의를 위하여 자기 유지 부분에 SET, RST 명령어를 사용하였다.

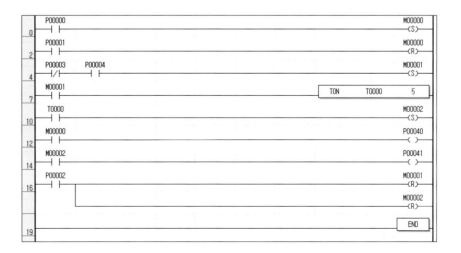

❷ 시작 스위치를 누르면 → 프로그램의 0스텝 A접점 P0000이 ON되어 → M0000이 자기 유지되고 → 12스텝의 A접점 M0000이 ON되어 → 출력 P0040 이 ON → 컨베이어 모터가 구동된다.

❸ 제품이 이송되는 중에는 항상 제품 검출 센서 P0004가 감지를 하고 있다. 그래 서 제품이 지나갈 때마다 4스텝의 P0004가 ON/OFF를 반복하지만 → 4스텝의 B접점 P0003이 차단되어 있기 때문에 아무런 동작을 하지 않는다.
여기서 4스텝의 B접점 P0003이 차단되어 있는 이유는 요구르트에는 은박지가 씌워져 있어야 양품이기 때문이다. 요구르트가 양품일 때는 금속 감지 센서도 감지를 하고 있으므로 B접점은 반대로 차단되는 것이다.

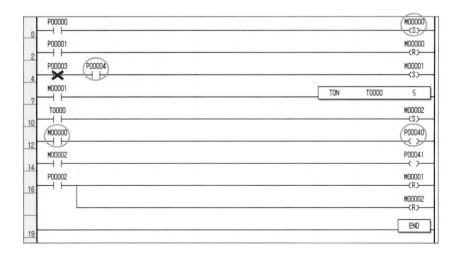

❹ 제품이 이송되는 중에 요구르트에 은박지가 없는 불량품이 나오면 → 금속 감지
센서가 감지를 못하게 된다. → 4스텝의 B접점 P0003은 연결되고 → M0001이
ON되어 → 7스텝의 A접점 M0001이 ON되며 → 타이머가 0.5초를 세고 있다.

❺ 타이머가 0.5초를 세고 난 후 → T000이 ON → 10스텝의 A접점 T000 ON →
M0002 ON → 14스텝 A접점 M0002 ON → 출력 P0041이 ON되어 → 솔 밸
브가 동작하여 실린더가 전진하고 은박지가 없는 요구르트 병을 쳐서 내보낸다.

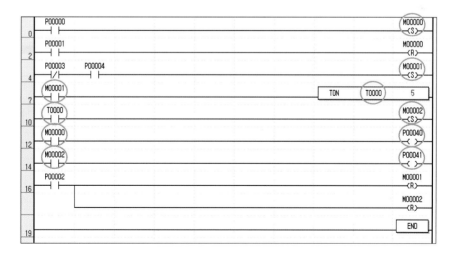

❻ 실린더가 전진을 하면 → 실린더 전진 검출 센서가 동작하여 → 16스텝의 A접점 P0002가 ON → M0001, M0002가 리셋되어 자기 유지가 풀리고 → 프로그램상의 모든 A접점 M0001, M0002가 차단되어 → 14스텝의 P0041이 OFF → 솔 밸브 동작이 정지하여 실린더가 복귀한다.

❼ 정지 스위치를 누르면 2스텝의 P0001이 ON되어 → M0000이 리셋되고 → 12스텝 A접점 M0000이 차단되어 출력 P0040이 OFF되면 → 컨베이어 모터가 정지한다.

예제3   조건

> 시작(실렉트 스위치) : P0000
>
> 램프 1 : P0040   램프 2 : P0041   램프 3 : P0042

시작 스위치를 누르면 24시간 뒤에 램프 1이 ON → 30일 뒤에 램프 2가 ON → 1년 뒤에 램프 3이 ON하는 프로그램을 만들어 보자. 앞에서 공부한 TON 타이머와 CTU 카운터를 같이 사용하면 된다.

POINT

타이머는 최대 6553.5초까지 셀 수 있다. 즉, [TON T000 65535] 이렇게 입력이 가능하다. 타이머의 설정치는 한정되어 있지만 카운터와 같이 사용하면 거의 무한대로 사용 가능하다.

🔑풀이

❶ 도면의 화면이 길어지면 보기가 불편해서 램프 출력 P0040~P0042의 자기 유지를 생략하였다.

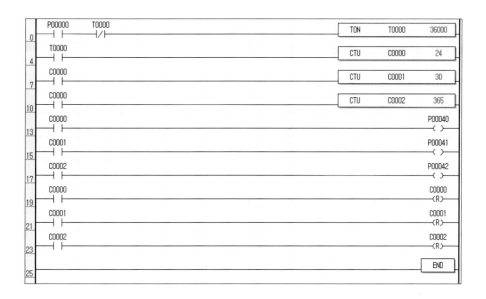

❷ 실렉트 스위치를 돌리면 → 0스텝의 P0000이 ON되어 유지되고 → 타이머
가 동작한다. 이때 타이머 설정치는 36000인데 이는 3,600초이며 분으로는
3,600/60=60분이고 시간으로는 한 시간이다. 결국 타이머 세팅치 36000 = 한
시간이다.

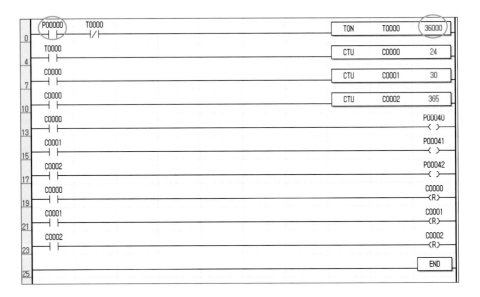

❸ 0스텝의 타이머가 한 시간이 되면 T000이 동작을 하고 → 0스텝의 B접점
T000이 차단되어 다시 타이머는 리셋되고 0초부터 시작하게 된다. P0000이
차단되지 않는 한, 한 시간이 될 때마다 T000이 계속 ON되어 다시 처음부터
타이머가 동작해서 한 시간 뒤에 또 T000이 ON되는 반복 회로이다.

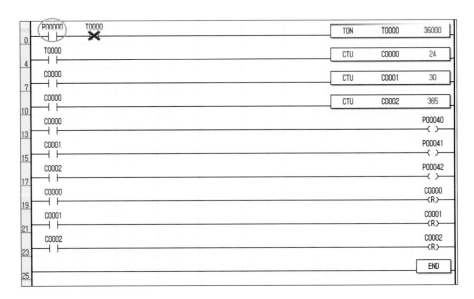

❹ 0스텝에서 한 시간마다 T000이 동작할 때 → 4스텝의 A접점 T000이 ON되어 → 카운터가 한 개씩 올라간다.

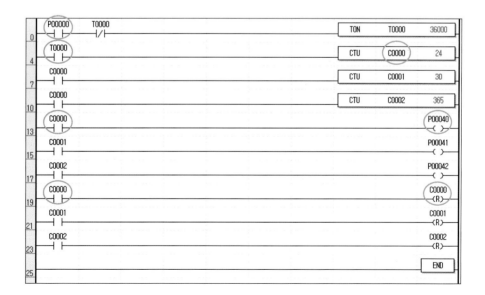

❺ 4스텝의 카운터 설정치가 24이므로 T000이 스물네 번 동작을 하게 되면 → 카운터의 C000이 동작해서 13스텝의 A접점 C000이 동작해서 P0040 램프 1이 ON하고 → 19스텝의 A접점 C000이 ON되어 → C000이 리셋되어 카운터는 다시 초기화된다. 이제 램프 1은 24시간이 될 때마다 ON할 것이다(자기 유지를 안 했기 때문에 실제로는 P0040이 순식간에 깜빡한다).

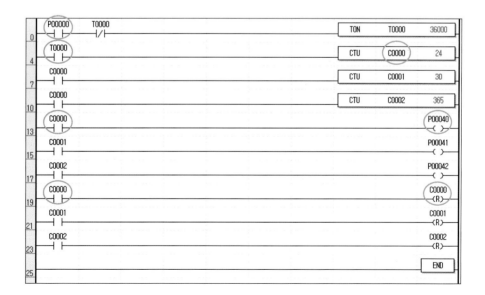

❻ 4스텝의 카운터 C000이 24시간, 즉 하루에 한 번씩 ON할 때 → 7스텝의 A접점 C000도 같이 ON되어 카운터 C001이 동작을 하고 → 설정값이 30이기 때문에 → C000이 서른 번 ON하면 C001이 ON되고 → 15스텝의 P0041 램프 2가 ON, 21스텝에서 카운터를 리셋시키게 된다. 즉, 4스텝에서는 하루에 한 번씩 ON하고, 7스텝의 카운터는 4스텝의 카운터를 이용하여 30일에 한 번씩 ON하는 프로그램이다.

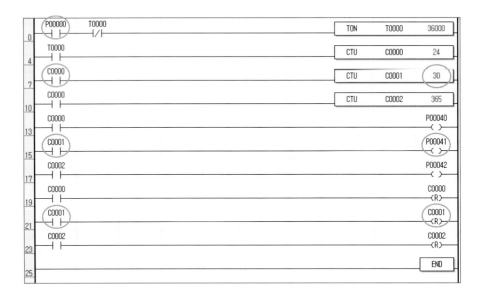

❼ 마찬가지로 10스텝의 A접점 C000은 하루에 한 번씩 ON하는 접점이므로 10스텝의 카운터 설정치가 365로 되어 있어 365일, 즉 1년에 한 번씩 C002가 ON하여 17스텝이 동작하게 된다.

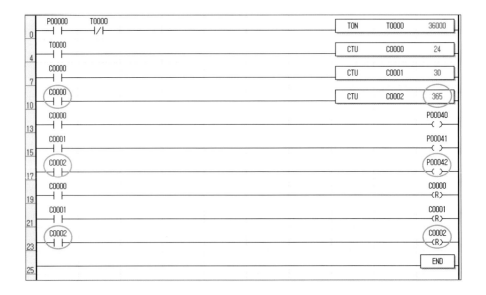

아래 조건을 이용하여 결선해 보자.

조건

푸쉬 버튼 스위치 1 : P0000   푸쉬 버튼 스위치 2 : P0001
푸쉬 버튼 스위치 3 : P0002   푸쉬 버튼 스위치 4 : P0003
MC : P0040   릴레이 : P0041
램프 : P0042

입력 공통은 DC-24V를 사용하고, 출력은 AC220V를 사용한다.

```
        P00000   P00003                                      M00000
0       ┤ ├──────┤/├──────────────────────────────────────( )
        M00000
        ┤ ├─┘

        P00001   P00003                                      M00001
4       ┤ ├──────┤/├──────────────────────────────────────( )
        M00001
        ┤ ├─┘

        P00002   P00003                                      M00002
8       ┤ ├──────┤/├──────────────────────────────────────( )
        M00002
        ┤ ├─┘

        M00000                                               P00040
12      ┤ ├──────────────────────────────────────────────( )

        M00001                                               P00041
14      ┤ ├──────────────────────────────────────────────( )

        M00002                                               P00042
16      ┤ ├──────────────────────────────────────────────( )

                                                          ┌─────┐
                                                          │ END │
18                                                        └─────┘
```

먼저 풀이를 보기 전에 아래 그림을 이용하여 선을 연결해 보자.

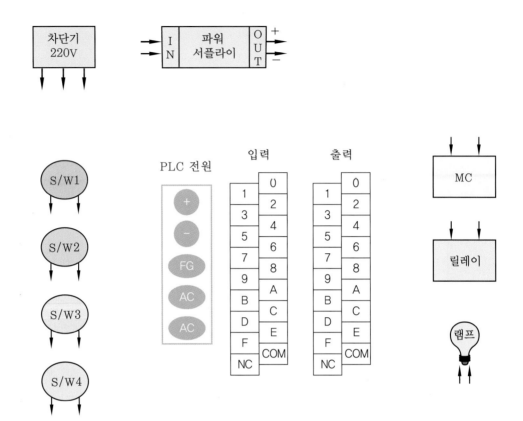

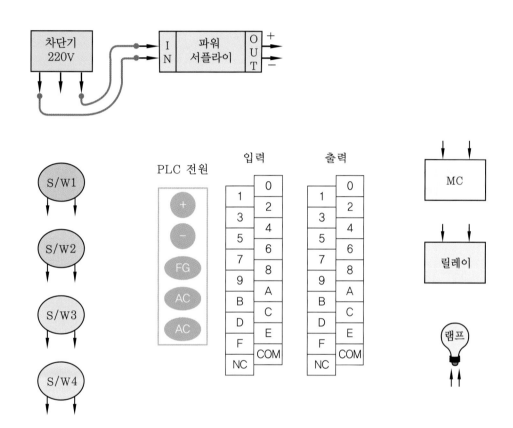

풀이

❶ 우선 파워 서플라이에 전원을 공급한다. 차단기가 3상 차단기인데 세 개 중에 아무거나 두 개를 사용하면 된다.

이제 파워 서플라이에 전원이 공급되었고, 파워 서플라이 OUT 쪽에서 DC24V 전기가 나오게 된다.

❷ PLC에 전원을 연결한다. 파워 서플라이와 마찬가지로 차단기의 3상 중 아무거
나 두 개를 연결한다(주의 : 아래 선 연결 그림에서 ╲ 이런 식으로 겹쳐진 부분
은 연결된 것이 아니다. ╾╸ 이렇게 점을 찍어서 물리는 부분이 연결된 것이니
착오 없길 바란다).

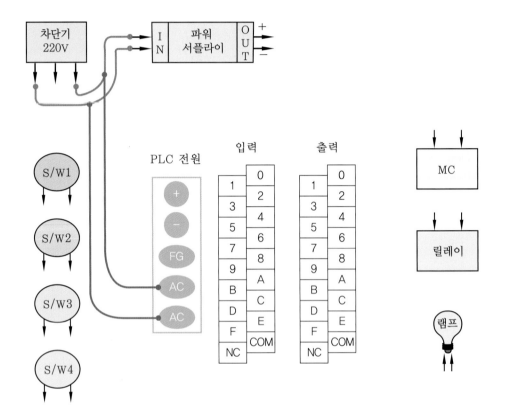

❸ 입력 공통 단자를 파워 서플라이에 연결한다.

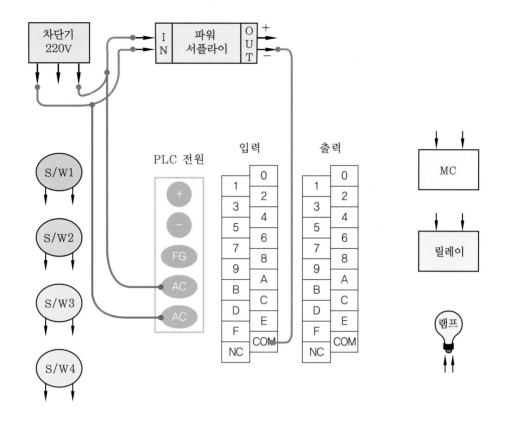

입력 공통 단자를 DC−24V에 연결하였고, 이제 PLC 입력 접점에 DC+24V만 들어가면 입력이 동작을 한다.

❹ S/W1, S/W2, S/W3, S/W4 공통을 파워 서플라이의 DC+24V에 연결한다.

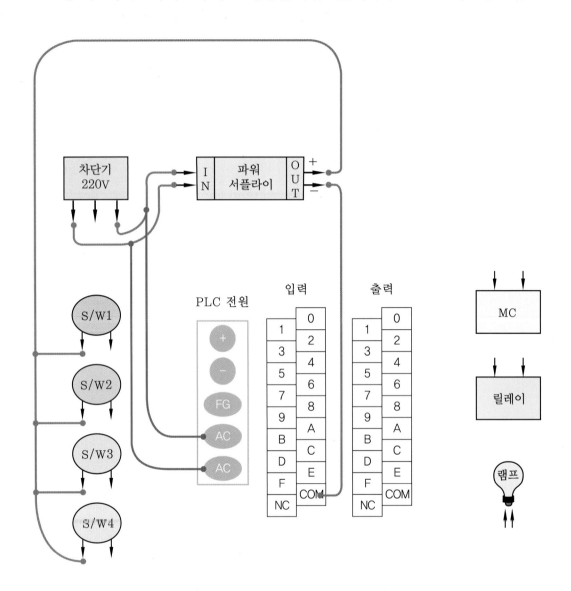

❺ S/W1 = P0000, S/W2 = P0001, S/W3 = P0002, S/W4 = P0003에 연결한다.
이제 스위치를 누르면 DC+24V 전기가 PLC 접점으로 들어가 프로그램상의 접
점이 동작을 하게 된다.

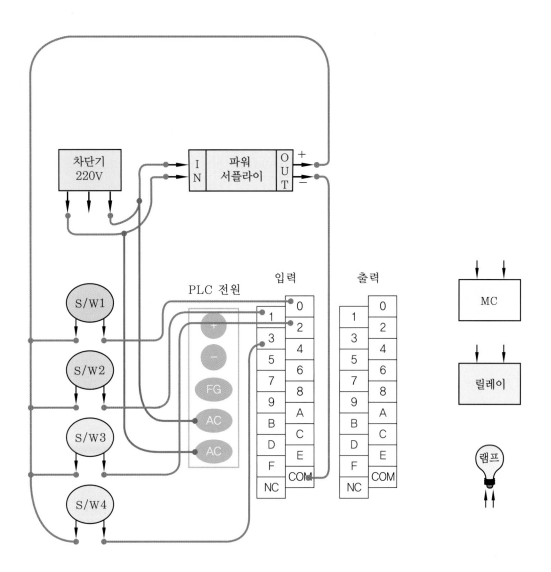

❻ 출력 공통 단자를 차단기의 220V 전기가 들어오는 전원부 중 한 개에 연결한다
(아래 그림은 차단기와 PLC 전원부를 먼저 연결한 곳에 다시 입력 공통 단자를
연결한 것인데, **차단기에 바로 연결하든 아래와 같이 연결하든 전기가 통하기
때문에 문제없다.** 단, 실제 판넬을 만들 때 공통 선을 연결할 거리가 차단기와
가깝다면 차단기와 연결하면 작업이 편리하다).

이제 PLC 프로그램의 출력이 동작하면 PLC 출력부 공통 단자에 연결해 준
220V 전기 한 개가 PLC 접점으로 나오게 된다.

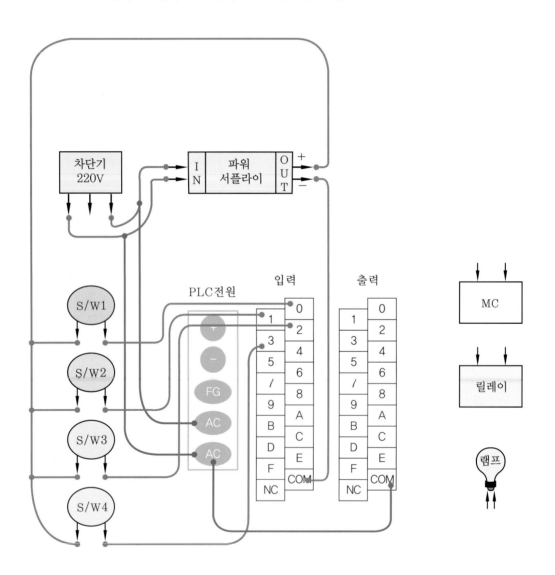

⑦ 전기 기기들을 차단기의 220V 전기가 들어오는 전원부의 나머지 한 개에 공통 연결한다. 이제 전기 기기들에는 220V 전기 한 개가 항상 들어가고 있다. 나머지 한 개만 더 들어가면 동작한다.

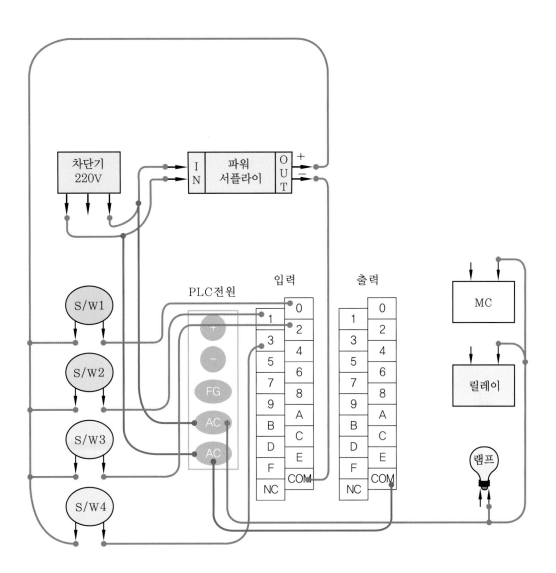

❽ 전기 기기들을 PLC 출력 접점들과 연결한다(전기 기기들에 220V 전기 한 개가 항상 들어가 있는 상태에서 PLC 출력 접점들을 연결하여 필요한 나머지 전기가 들어가게 함으로써 PLC 출력이 동작하면 전기 기기들이 동작하게 된다).

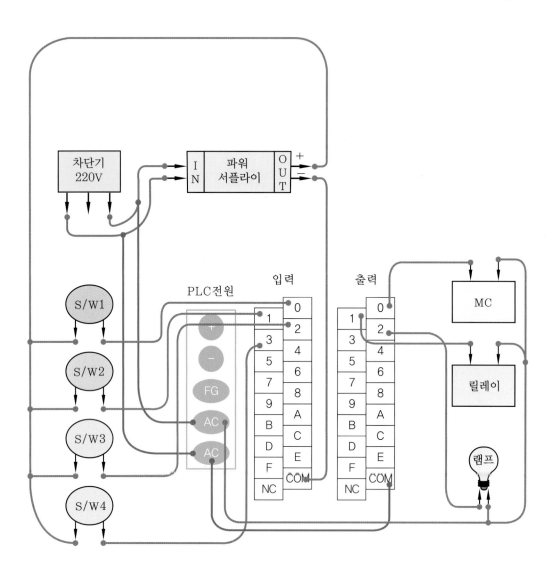

조건

시작 스위치(푸쉬 버튼) : P0000	정지 스위치(푸쉬 버튼) : P0001
A구역 도착 감지 센서 : P0002	B구역 도착 감지 센서 : P0003
C구역 도착 감지 센서 : P0004	D구역 도착 감지 센서 : P0005
모터 정회전(대차 전진) : P0040	모터 역회전(대차 후진) : P0041

위의 조건을 가지고 그림과 같이 순서대로 동작하는 프로그래밍을 해 보자.

시작 스위치를 누르면 대차가 C구역까지 전진한다.

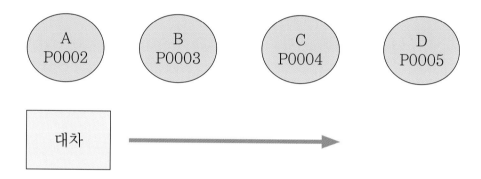

대차가 C구역까지 전진하여 C구역의 P0004가 감지하면 B구역으로 후진한다.

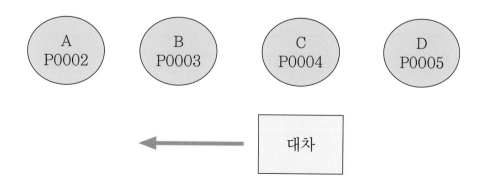

대차가 B구역까지 후진하여 B구역의 P0003이 감지하면 D구역으로 전진한다.

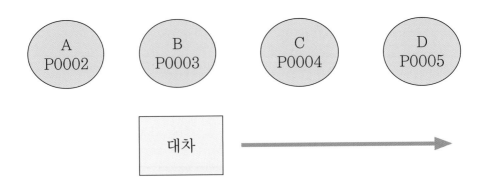

대차가 D구역까지 전진하여 D구역의 P0005가 감지하면 A구역으로 후진한다.

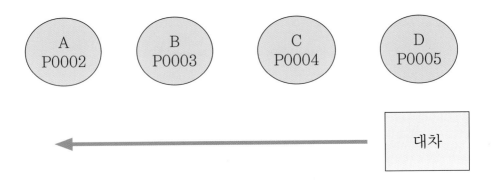

이동하는 중에 정지 스위치를 누르면 대차는 A구역으로 복귀하고 정지한다.

즉, 시작 스위치를 누르면 A→ C→ B→ D→ A 순서로 대차가 움직이도록 해야 한다. S 명령어를 사용하면 쉽게 할 수 있다.

풀이

❶ 시작 스위치를 누르면 프로그램상의 P0000이 ON되어 0스텝의 A접점 P0000
이 연결되고 M0000을 SET시킨다(M0000 자기 유지).

　M0000이 ON되어 13스텝의 A접점 M0000이 연결되면 MCS 명령어에 의하여
MCS와 MCSCLR 사이에 있는 출력은 동작할 수 있다. 즉, 15스텝과 18스텝의
출력이 동작할 수 있게 된다.

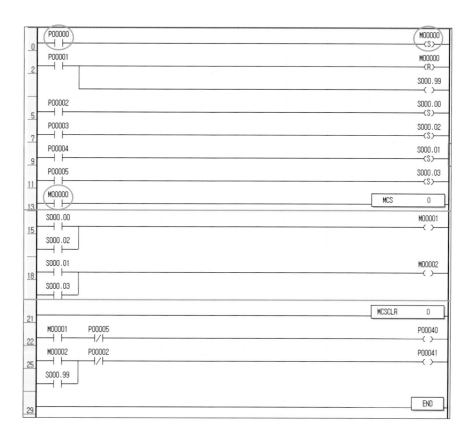

❷ 대차는 우선 A구역에 있기 때문에 A구역 감지 센서에 의하여 P0002가 동작을 하게 되고 → 5스텝의 A접점 P0002가 ON되어 S00.00이 동작하게 된다. → S00.00이 ON되어 → 15스텝의 A접점 S00.00이 연결되고 → 출력 M0001이 ON되어 → 22스텝의 A접점 M0001이 ON되면 → 출력 P0040이 동작하여 대차는 정회전을 하여 전진하게 된다. 즉, 시작 스위치를 누르자마자 → 모터가 정회전해서 대차가 앞으로 이동 중이다.

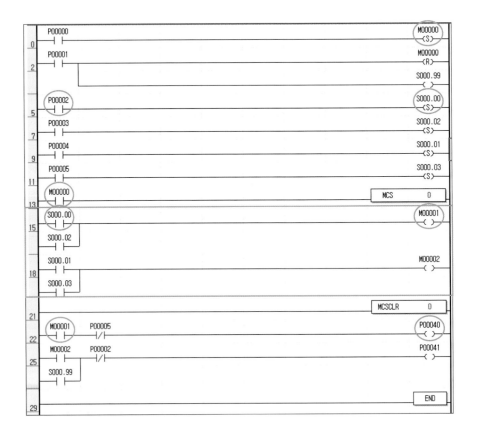

❸ 대차가 정회전하면 A구역에서 → B구역 → C구역 → D구역으로 갈 수 있다. 하지만 S 스텝 컨트롤 명령어에 의하여 5스텝의 S00.00이 동작하면 다음은 S00.01이 동작하게 된다. 이를 이용해서 대차가 B구역을 지나면 B구역 감지 센서 P0003이 동작하는데 프로그램상 7스텝의 P0003이 ON되면 S00.02가 동작하기 때문에 무시한다(S00.00 → S00.01 → S00.02 → S00.03 순서로 동작한다). → 따라서 대차가 B구역을 그냥 지나가 C구역에 도착하면 → C구역 감지 센서가 동작해서 9스텝의 A접점 P0004가 ON → 출력 S00.01이 동작하자마자 S00.00 OFF → 15스텝의 A접점 S00.00이 OFF되어 출력 M0001이 정지 → 18스텝의 A접점 S00.01이 ON되어 → 출력 M0002가 동작하고 → 25스텝의 A접점 M0002가 ON → 출력 P0041이 ON하여 모터가 역회전하여 대차가 후진하게 된다. 대차가 A구역에서 C구역까지 전진하였다가 다시 후진하는 동작이다.

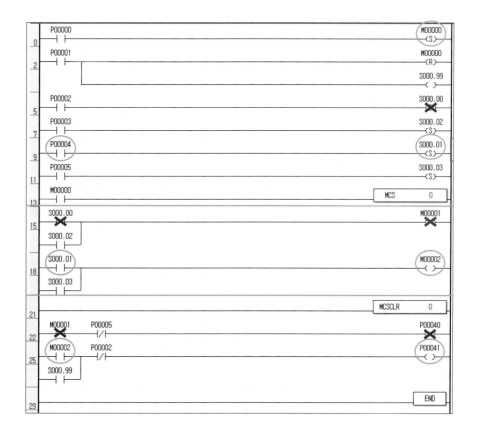

❹ 대차가 C구역에서 후진하여 → B구역에 도착하면 B구역 감지 센서 P0003이 동
작해서 → 7스텝 A접점 P0003이 ON → S00.02가 ON되어 S00.01은 OFF되
고 → 15스텝 A접점 S00.02 ON → 출력 M0001 ON → 22스텝 A접점 M0001
ON → 출력 P0040 ON → 모터가 정회전하여 대차가 다시 전진한다. 대차는 A
구역에서 C구역까지 전진하였다가 B구역까지 후진한 후 다시 전진하는 중이다.

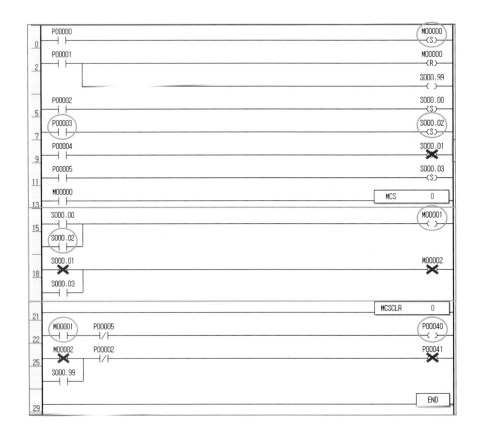

❺ 대차가 B구역에서 전진하여 C구역을 지나가지만 프로그램상에서 S00.02가 동
 작을 하고 있기 때문에 다음은 S00.03이 동작을 해야 해서 C구역은 무시한다.
 대차가 전진하여 D구역에 도착하면 → 11스텝의 A접점 P0005가 ON → 출력
 S00.03 ON, S00. 02 OFF → 18스텝 A접점 S00.03 ON → 출력 M0002 ON
 → 25스텝 A접점 M0002 ON → 출력 P0041 ON → 모터가 역회전하여 대차
 가 후진한다. A구역에서 C구역까지 전진 → C구역에서 B구역으로 후진 → C구
 역에서 D구역까지 전진 → D구역에서 후진하는 중이다.

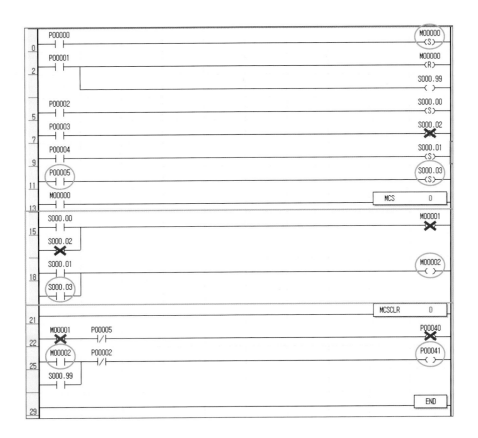

❻ 대차가 후진하고 있는데 프로그램상의 S00.03이 ON되어 있고 다음에 동작할 S00.04는 없다 → 대차가 후진하여 A구역에 도착하면 → A구역 감지 센서가 동작해서 P0002가 동작하고 → 25스텝의 B접점 P0002가 차단되어 대차 모터 역회전 P0041이 OFF된다. 이와 동시에 A구역 감지 센서에 의하여 5스텝의 A 접점 P0002가 동작해서 다시 S00.00부터 시작하여 반복 동작을 하게 된다.

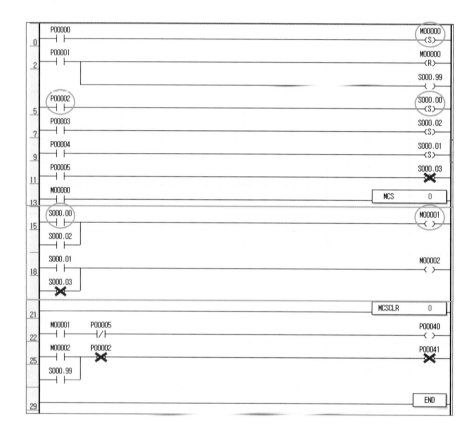

⑦ 대차가 이동하는 중에 정지 스위치를 누르면 → 2스텝의 A접점 P0001이 ON되어 → M0000을 리셋시켜 버리고 동시에 S00.99가 ON된다. → M0000이 리셋되어 → 13스텝의 MCS 0이 OFF되어 15, 18스텝의 출력은 동작을 하지 못하게 된다. → 25스텝의 A접점 S00.99가 동작하면 → 출력 P0041이 동작하여 모터가 역회전하여 대차가 후진을 하게 되고, 결국 A구역 감지 센서가 동작하여 P0002가 ON되어 S00.00이 동작을 하지만 MCS 0 명령어가 이진에 차단되어 있기 때문에 15, 18스텝의 M0001, M0002가 동작을 못해 대차는 전진을 못하게 된다. 그리고 대차는 S00.99에 의하여 계속 후진할 수 있지만 A구역에 도착하여 A구역 감지 센서가 동작하면 25스텝의 B접점 P0002(A구역 감지 센서)에 의하여 신호가 차단되기 때문에 결국 A구역에 멈춰 있게 된다.

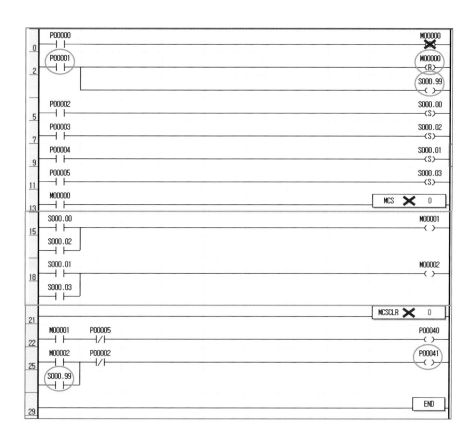

예제 5를 결선해 보자.

먼저 아래 부품 배치를 보고 결선해 본다.
(설명의 편의상 DC 파워 서플라이는 빼고 PLC 전원에서 DC 전원이 나오게 하였다)

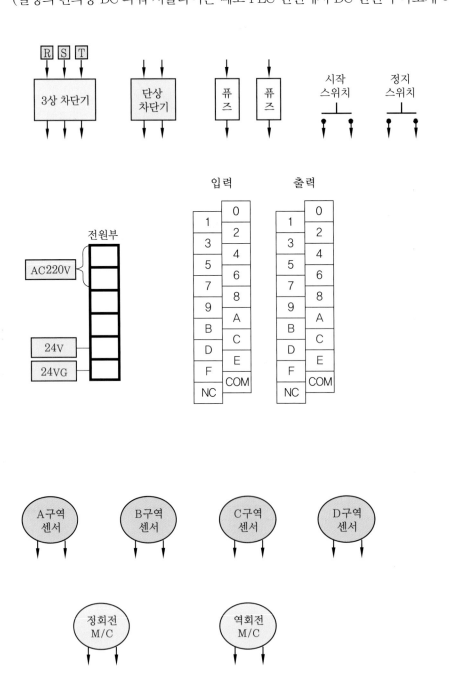

풀이

❶ 3상 차단기 하부 측 세 개 중 한 개를 단상 차단기 상부 측 한 곳에 연결해 준다.

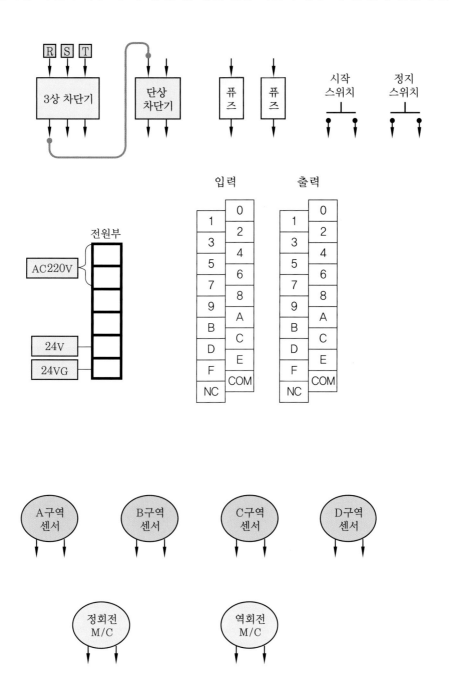

❷ 3상 차단기 하부 측에 두 개의 단자가 남았는데 두 개 중 한 개를 단상 차단기 상부 측 남은 한 곳에 연결해 준다.

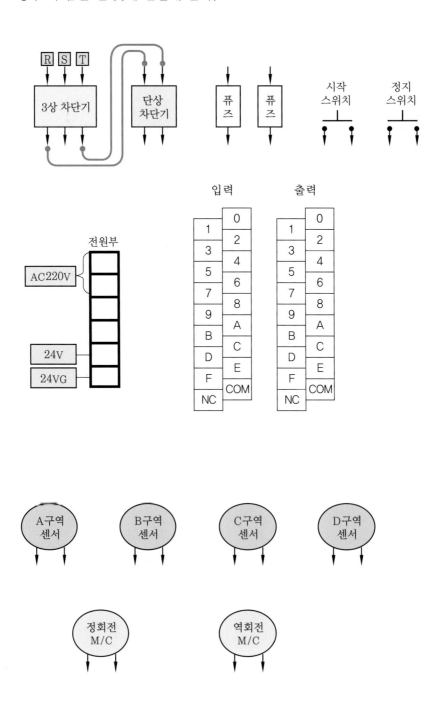

❸ 단상 차단기 하부 측 단자 한 곳에서 퓨즈로 연결해 준다.

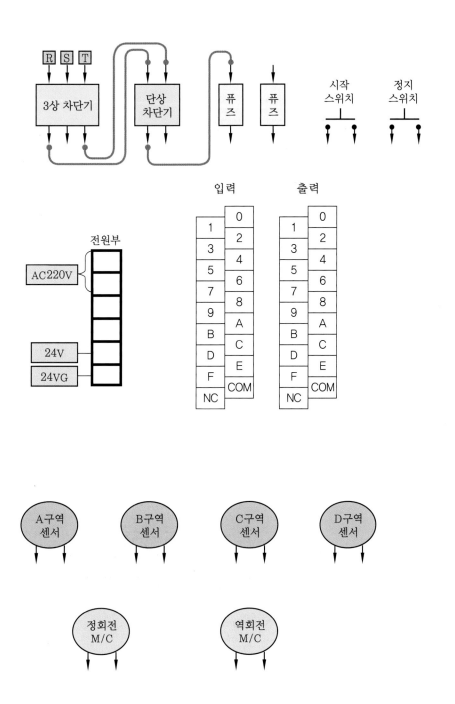

④ 단상 차단기 하부 측 나머지 단자와 나머지 퓨즈 한 개를 연결해 준다.
  퓨즈를 사용하는 이유는 차단기와 마찬가지로 전기 합선과 같은 문제가 발생했
  을 때 차단해 주기 위한 것으로, 이상이 발생하면 먼저 퓨즈 측이 고장이 나고
  퓨즈만 교체하게 되는데, 차단기 교체보다 퓨즈 교체가 편하기 때문이다.

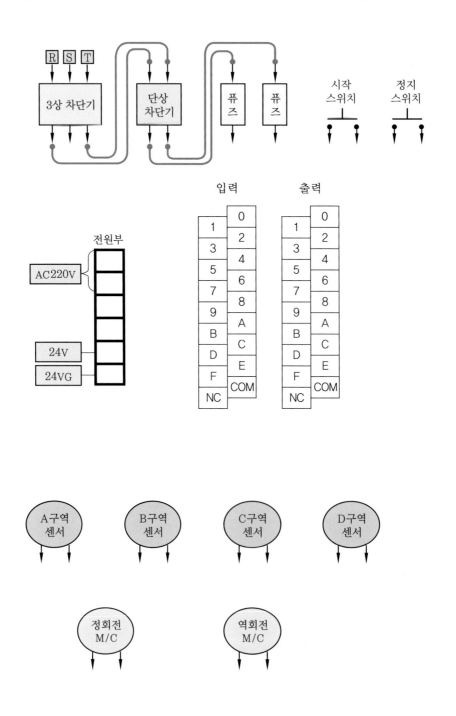

❺ 퓨즈 두 개 중 한 개를 PLC 전원 단자 한 곳에 연결한다.

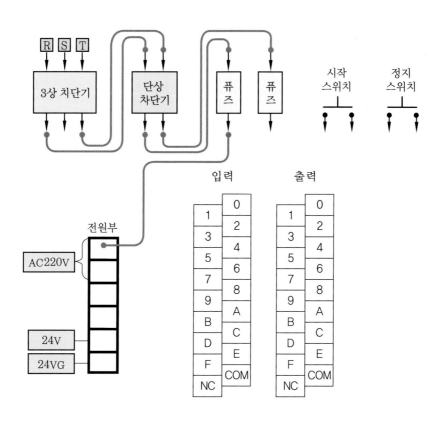

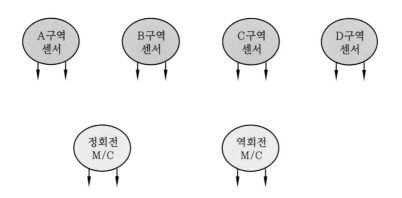

❻ 나머지 퓨즈를 PLC 전원 단자에 연결한다.

이제 PLC 전원부에서 전기 두 개가 공급되어 사용 가능하다.

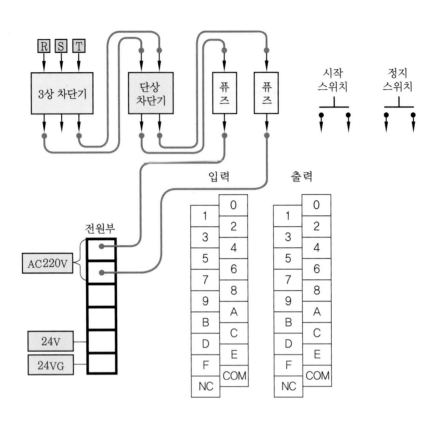

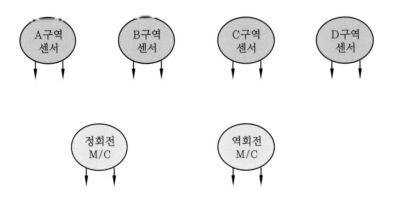

❼ 입력부 공통 단자를 연결하는데 DC-24V를 입력 공통으로 할 것이다.
전원부 24VG 단자에 입력부 COM 단자를 연결한다.

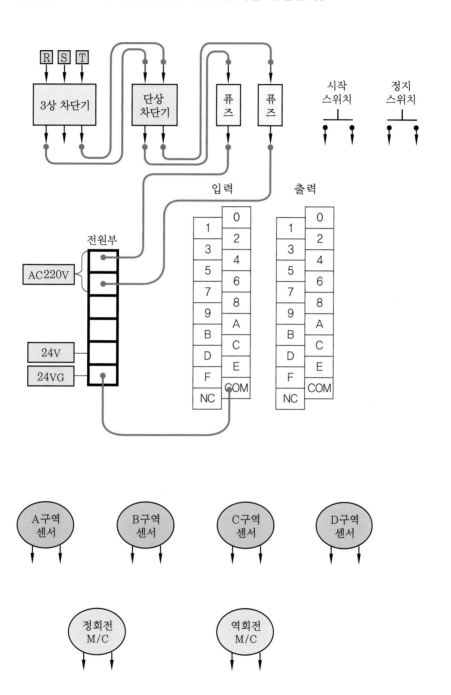

⑧ 입력 기기인 스위치와 센서들에는 DC+24V를 공통 연결해 준다.
먼저 시작 스위치를 연결한다.

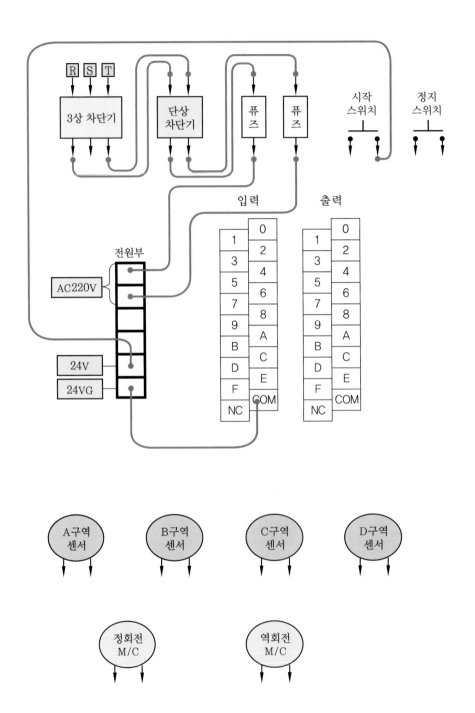

❾ 24V와 연결되어 있는 시작 스위치를 정지 스위치에 연결한다. 이제 스위치들은 DC+24V 전기와 공통 연결되었다. 이 스위치들을 누르면 +DC24V 전기가 나온다.

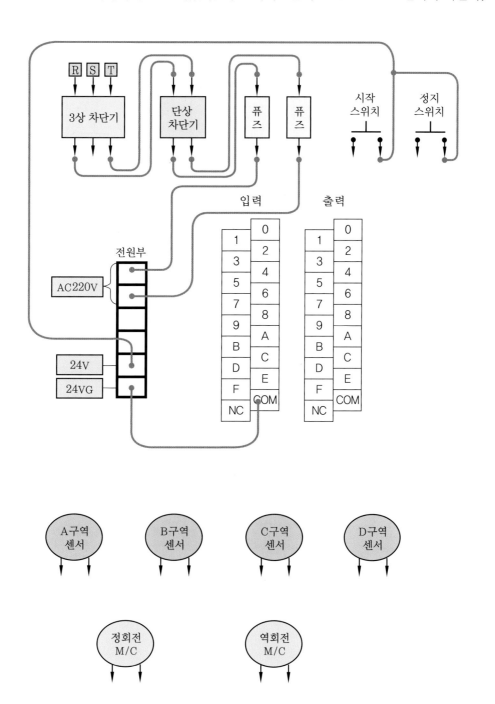

⑩ 센서들도 입력 기기이므로 DC+24V 전기를 연결한다.
먼저 A구역 센서를 연결한다.

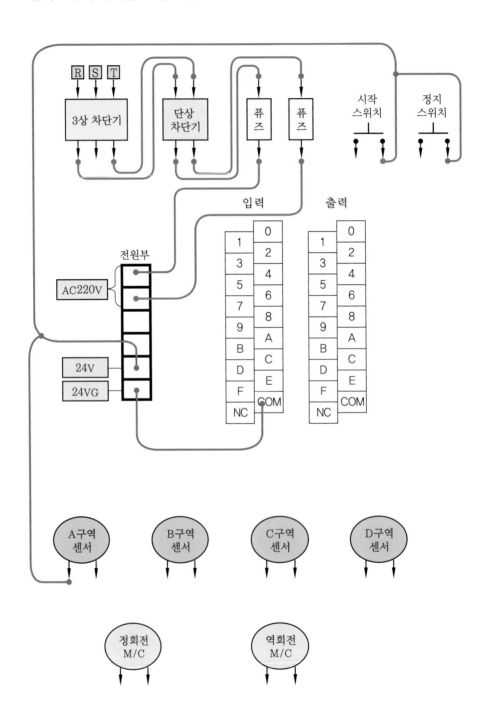

⑪ 나머지 센서들도 연결한다.

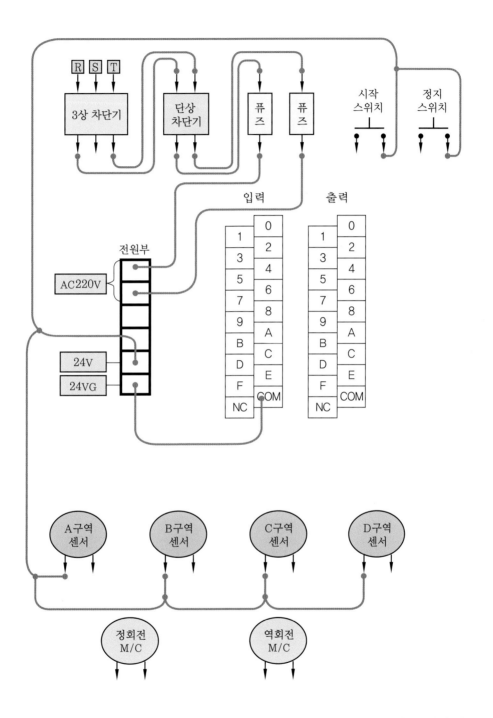

이제 센서들도 DC+24V 전기에 공통으로 연결되어 있고, 센서가 동작하면 DC +24V 전기가 나오게 된다.

⓬ 시작 스위치를 입력부 P0000에 연결한다. 이제 시작 스위치를 누르면 프로그램상의 접점 P0000이 동작을 하게 된다.

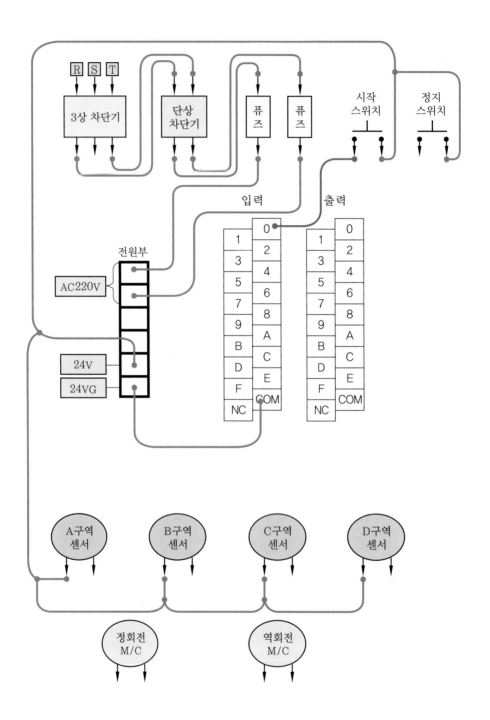

⑬ 정지 스위치를 입력부 P0001에 연결한다.

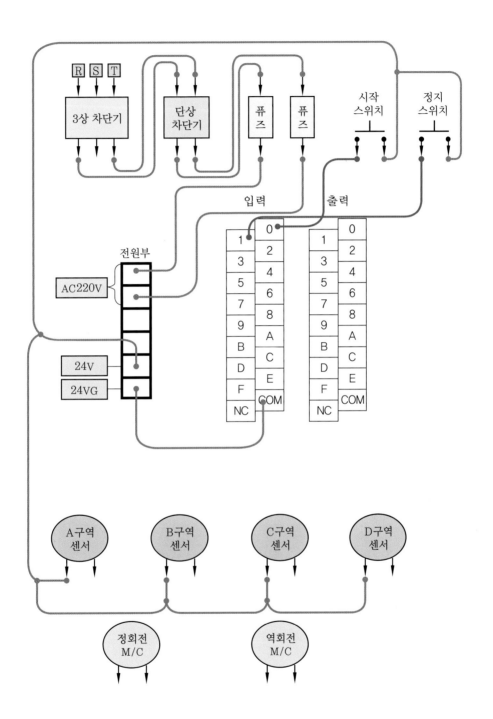

⓮ A구역 센서를 입력부 P0002에 연결한다.

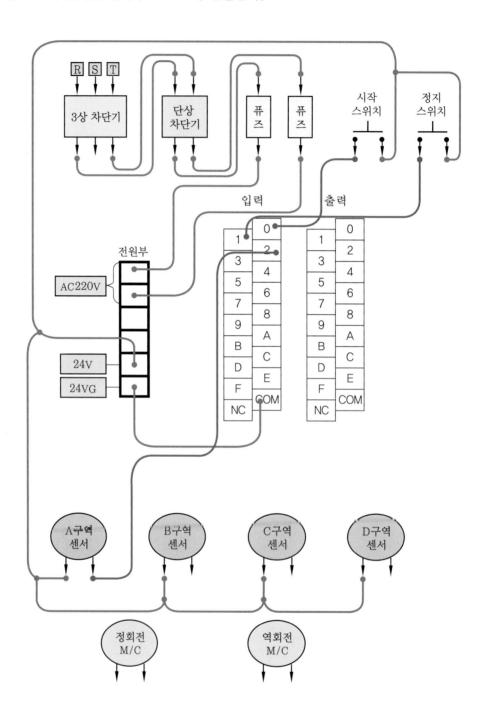

⑮ 나머지 센서들도 입력 접점에 순서대로 연결한다.

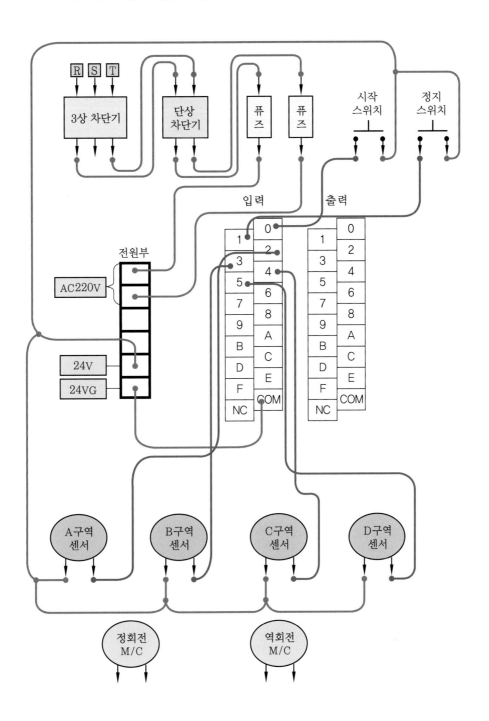

이제 입력 연결은 다 끝났다. 어떤 입력이 동작을 하면 DC+24V 전기가 해당
PLC 입력부 접점으로 들어가서 프로그램상의 접점이 동작을 하게 된다.

⑯ 다음으로 출력부 공통 단자를 연결한다. 출력 기기는 정회전 · 역회전 M/C 두 개를 사용하는데 AC220V로 동작한다고 생각하고 퓨즈 두 개 중 하나에 출력부 공통 단자를 연결한다. AC 전기 R, S, T상 중에 T상이라고 말하겠다. 여기서 중요한 것은 퓨즈 하단 부분에서 연결해야 한다는 것이다.

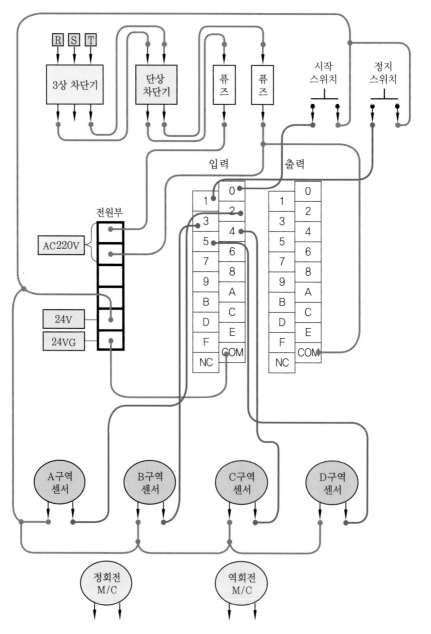

이제 출력부는 AC220V 전기 T상에 공통으로 연결되었다. 프로그램상의 출력이 동작하면 해당 PLC 출력부 접점에서 AC220V T상 전기가 나오게 된다.

⑰ M/C들도 공통 연결을 해 준다. PLC 출력부에 T상을 공통으로 연결하였으므로 M/C는 AC220V R상을 공통 연결한다. 먼저 R상 퓨즈 하단에 정회전 M/C를 연결한다.

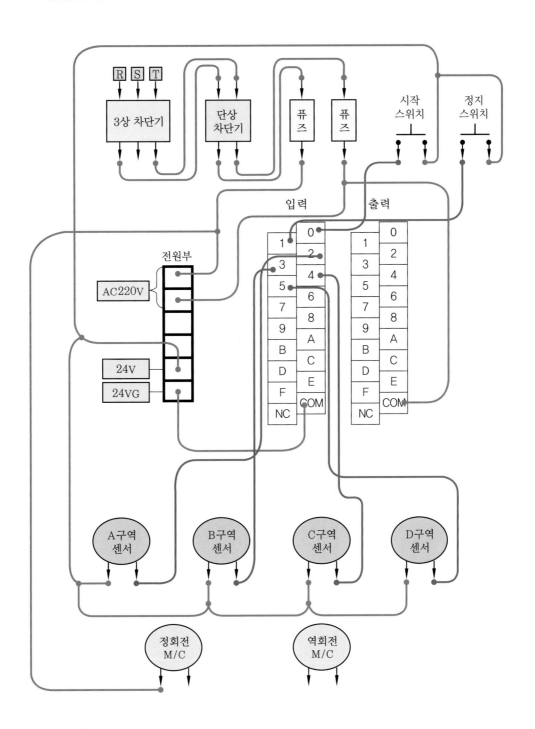

⑱ 정회전 M/C가 공통 연결된 곳에서 역회전 M/C를 연결한다. 이제 M/C들은
   AC220V R상 전기에 공통으로 연결되었고, T상 또는 S상 전기만 들어가면 동
   작을 하게 된다.

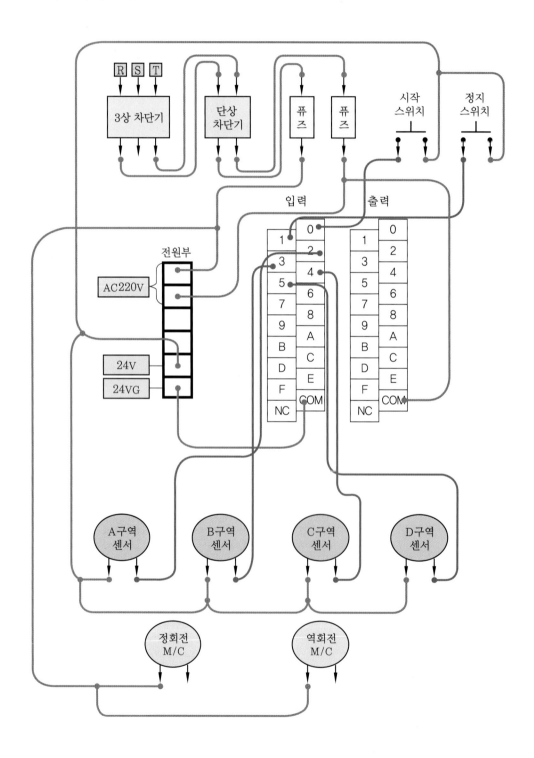

⑲ 정회전 M/C 나머지 단자와 출력부 P0040을 연결해 준다. 이제 프로그램상의 출력 P0040이 동작하면 출력부 P0040 단자에서 T상 전기가 나와서 M/C로 들어가 정회전 M/C가 동작을 하게 된다(출력부는 설명의 편의상 P0010~P001F가 아닌 P0040~P004F라고 한다).

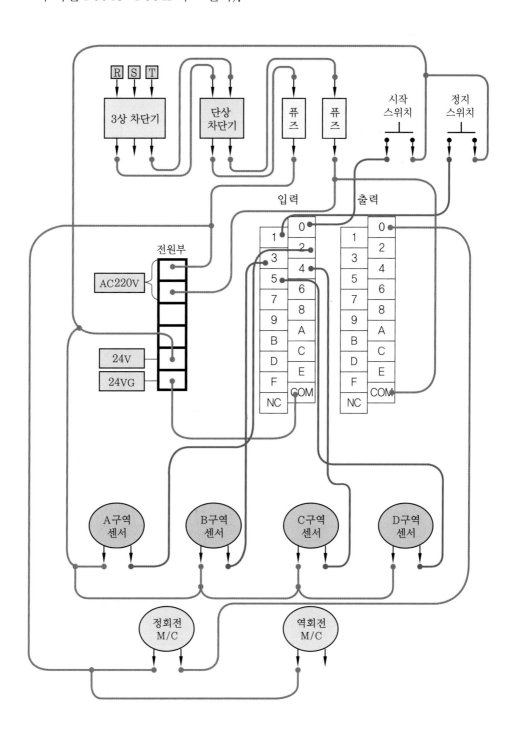

⑳ 마지막으로 역회전 M/C와 출력 P0041을 연결한다.

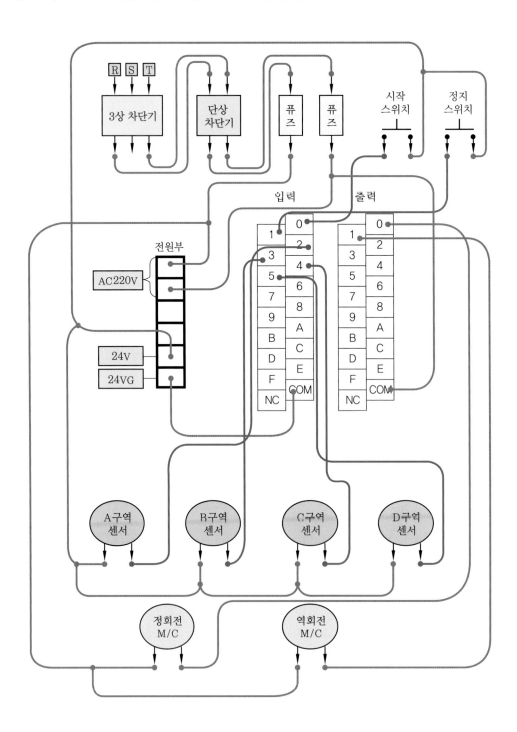

아래 프로그램을 해석해 보자.

조건

시작 스위치(실렉트) : P0000   드릴 동작 감지 센서 : P0001

드릴 교체 완료 스위치(푸쉬 버튼) : P0002   드릴 교체 경광등 : P0040

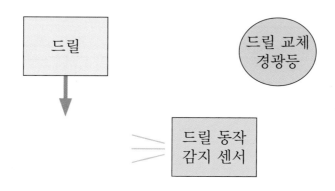

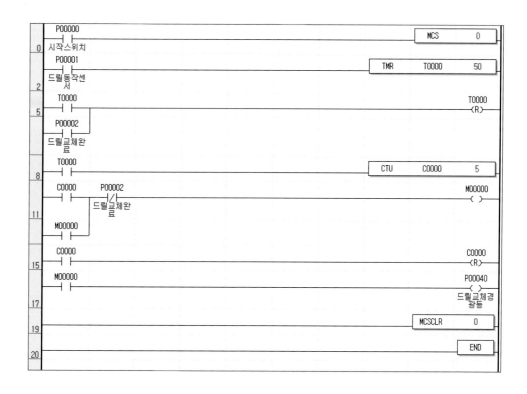

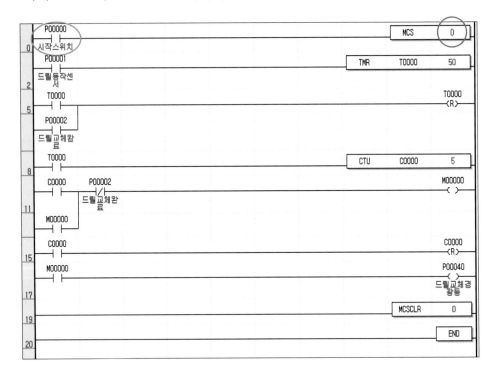

풀이

❶ 시작 스위치를 누르면 0스텝의 A접점 P0000이 ON되어 MCS 0이 동작한다.
이제 MCS 0과 MCSCLR 0 사이의 출력은 동작이 가능하다.

❷ 드릴이 하강하면 드릴 동작 감지 센서가 동작하고 → 2스텝의 P0001이 ON되어
TMR 타이머가 동작하게 된다. 이 TMR 타이머는 드릴 동작 감지 센서 P0001이
동작할 때마다 시간을 세는데, 중간에 드릴이 정지하면 세고 있던 시간을 기억
하고 있다가 다시 드릴이 동작하면 전에 세고 있던 시간을 계속해서 세게 된다.

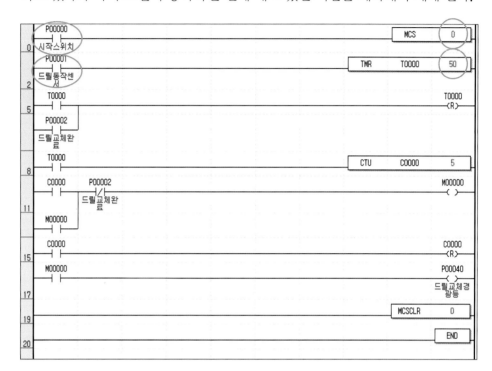

❸ 2스텝의 TMR 타이머는 현재 50으로 설정되어 있는데 이는 5초라는 말이다. 드릴이 동작하면 드릴 동작 감지 센서가 5초를 감지하여 T000이 ON되어 → 5스텝의 A접점 T000이 ON되고 → 타이머를 초기화시켜 다시 동작할 수 있게 한다. → 이와 동시에 T000이 ON되면 8스텝의 A접점 T000이 ON되어 카운터가 동작하게 된다.

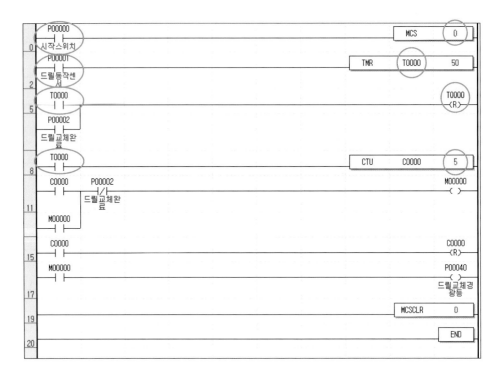

❹ 8스텝의 카운터는 5로 설정되어 있는데 이는 타이머 T000이 한 번 ON될 때마다 한 개씩 올라간다. 타이머는 5초마다 한 번씩 동작하므로 카운터 설정치 5는 25초가 되는 것이다. 따라서 타이머가 25초를 동작하면 8스텝의 카운터가 동작해서 C000이 ON된다.

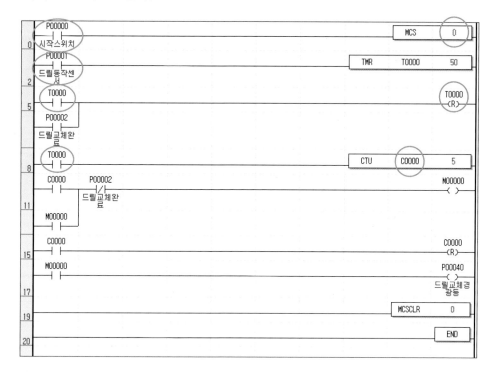

❺ 카운터 C000이 ON되면 → 11스텝의 A접점 C000이 ON되고 → M0000이 자기 유지된다. → 그리고 15스텝에서 C000이 리셋되어 카운터를 초기화시킨다. → 17스텝의 A접점 M0000이 ON되어 → 출력 P0040이 ON되고 드릴 교체 경광등이 동작하여 드릴을 교체하라고 알려 준다.

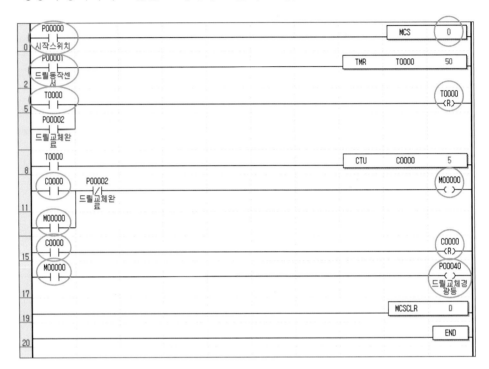

시작 스위치를 누르면 드릴 교체 시기를 모니터링하게 되고, 드릴이 25초 동작하면 드릴을 교체하라는 경광등이 동작하여 사람이 이를 확인하고 교체하는 프로그램이다.

❻ 드릴 교체를 완료한 후에 드릴 교체 완료 스위치를 누르면 → 5스텝의 A접점 P0002가 ON되어 → T000을 리셋시키고 → 2스텝의 TMR 타이머를 강제로 초기화시켜 버리게 된다.

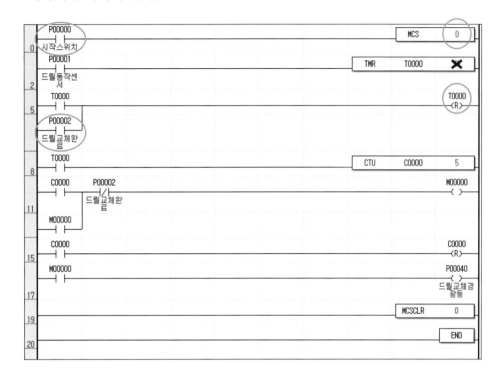

❼ 드릴 동작이 완료된 후 시작 스위치를 OFF시키면 → 0스텝의 P0000이 OFF되어 → 0스텝의 MCS 0이 차단되고 MCS 0과 MCSCLR 0 사이의 출력은 동작하지 않게 된다. 하지만 TMR 타이머는 드릴이 동작했던 시간을 기억하고 있어 시작 스위치를 누르면 다시 세었던 시간부터 시작하게 된다.

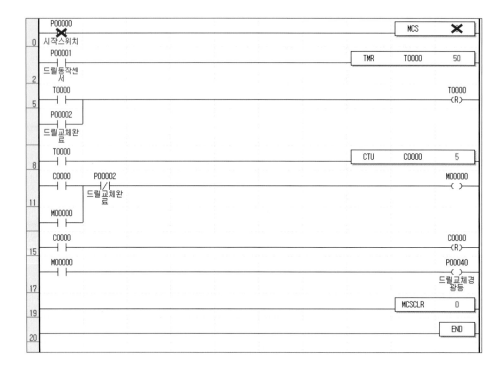

⑧ 하지만 아래 프로그램에는 문제점이 하나 있다.

실제로 현장에서 사용한다면 여러 가지 변수가 있는데, 그중 하나는 드릴 교체 시 드릴 재고가 없어 교체 시간이 몇 초 지나 버릴 경우이다. 만약 몇 초가 지난 후에 드릴을 교체하고 드릴 교체 완료 스위치를 누른다면 어떻게 될까? 2스텝의 타이머는 초기화되지만 8스텝의 카운터는 교체 시기를 지나간 만큼 카운터 수치가 올라가 있을 것이고, 교체 시간이 5초 지난 후 교체하였다면 카운터는 수치가 1 올라간 상태에서 동작을 하기 때문에 다음 드릴 교체 시간은 20초로 앞당겨지게 된다.

이를 해결하기 위하여 프로그램을 수정해 보자.

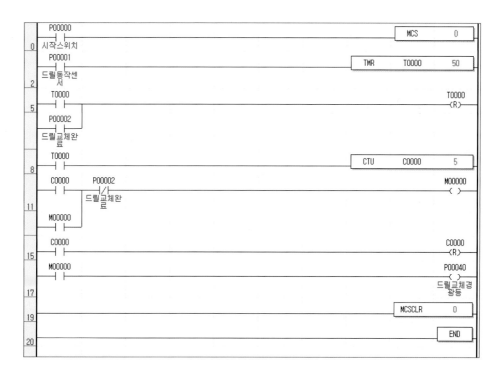

❾ 프로그램 수정은 의외로 간단하다.

15스텝의 카운터를 리셋시켜 주는 곳에 병렬로 드릴 교체 완료 스위치인 P0002
A접점을 넣어 주고 드릴을 교체한 후 교체 완료 스위치를 누르면 P0002가 ON
되어 타이머를 리셋시키고 이와 동시에 카운터도 강제로 리셋시킬 수 있게 된다.

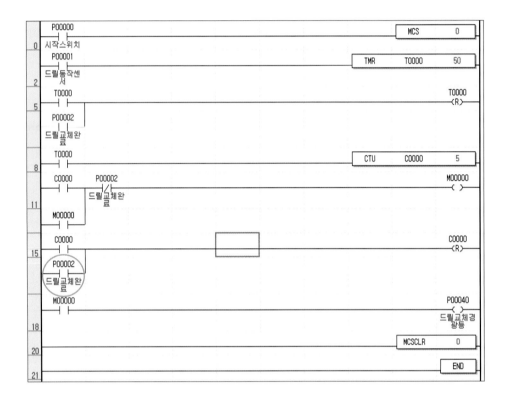

조건

시작 스위치(푸쉬 버튼) : P0000   정지 스위치(푸쉬 버튼) : P0001

센서 1(물체 검출) : P0002   센서 2(물체 검출) : P0003

센서 3(실린더 1 전진 검출) : P0004   센서 4(실린더 2 전진 검출) : P0005

컨베이어 구동 모터 : P0010   실린더 1 동작 솔 밸브 : P0011

실린더 2 동작 솔 밸브 : P0012

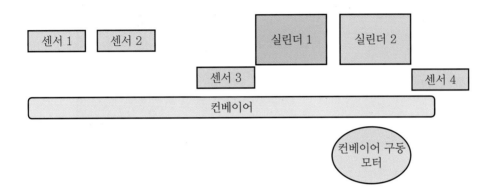

위의 그림은 시작 스위치를 누르면 컨베이어가 구동하고, 센서 1이 물체를 감지하면 실린더 1이 동작하고, 센서 2가 물체를 감지하면 실린더 2가 동작을 한다. 센서 3, 4는 실린더 전진 후 후진하라는 신호이다.

위의 그림에서 컨베이어나 실린더가 갑자기 동작을 하지 않는다. 그러면 문제를 찾아서 정상 가동시켜야 되는데 어떻게 해야 할까?

우선 컨베이어가 동작을 안 할 경우를 예로 들어 보자.

풀이

❶ PLC 정면을 자세히 보면 PLC 접점이 동작할 때 표시해 주는 LED가 있다. 아래 사진에서 왼쪽은 입력 카드의 LED, 오른쪽은 출력 카드의 LED이다. 현재 입력 LED는 OFF, 출력 LED는 전체 ON되어 있다.

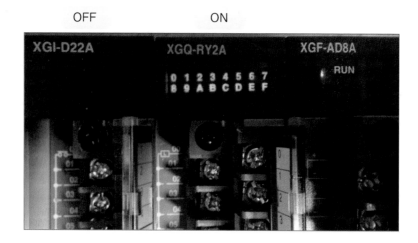

❷ 컨베이어가 갑자기 동작을 하지 않으면 우선 시작 스위치를 눌러 본다. 시작 스위치는 P0000이므로 스위치를 누를 때마다 입력부의 0 LED에 불이 들어와야 한다.

❸ 만약 불이 들어오지 않는다면

　① 스위치 접점에 문제가 있을 수 있다. → 테스터기를 이용하여 스위치 접점이
　　제대로 동작하는지 체크해 본다.

　② 스위치와 PLC를 연결해 주는 전기선이 단선되었을 수 있다. → 마찬가지로
　　테스터기를 이용하여 전기선 단선 여부를 확인해 본다.

　③ 테스터기로 확인해 본 결과 스위치 접점 정상, 전기선 정상일 경우 → PLC
　　입력 부분의 공통 단자가 DC인지 AC인지 확인해 본다. → DC일 경우 +전
　　기가 공통인지, −전기가 공통인지 확인하고 → +전기가 공통일 경우 테스
　　터기의 다리 한 개를 PLC 입력 공통에 접촉해 주고 → 테스터기의 나머지
　　다리 한 개를 PLC 입력 부분 P0000 단자에 접촉해 준다. → 그리고 스위치
　　를 눌렀을 때 테스터기 화면에 DC 전기가 나오는지 확인한다. 24VDC일 경
　　우 24V 정도 나오는지 확인한다.

　　만약 선이 단선되었거나 스위치에 이상이 있다면 테스터기는 0V가 나오지
　　만, 정상일 경우 24V 정도 나오게 된다(테스터기의 성능에 따라 조금씩 차
　　이가 난다). 확인 후 24V가 나오는데 PLC의 램프가 동작을 안 한다면 PLC
　　의 P00 단자에 이상이 있다는 것을 의심해 볼 수 있다.

이제 노트북을 이용하여 PLC와 연결해 보자.

아래와 같이 프로그래밍되었을 경우 스위치를 누를 때마다 0스텝의 P0000이
동작을 하는지 확인해 보자.

확인해 보았는데 동작을 안 한다면 PLC의 접점 P0000이 고장 난 것이다.

이 접점이 고장 났을 경우 PLC의 접점 중에 여유 접점이 있다면 P0000에 연결된 전기선을 풀어내고 여유 접점에 다시 연결한다. 예를 들어 P0000을 P000F에 연결 하였다면 이제 프로그램으로 가서 0스텝의 P0000을 P000F로 바꾸어 주면 끝난다. 여기서 주의할 점은 위의 프로그램같이 간단할 경우에는 한눈에 쉽게 들어오지만 프로그램이 복잡할 경우에는 P0000 접점을 여러 개 사용할 수도 있으니 Ctrl + F – [P0000]을 해서 어디 어디에 있는지 찾아 전부 바꾸어 주어야 한다는 것이다.

바꾸어 줄 것이 너무 많다면 쉽게 하는 방법이 있다.

Ctrl + H 키를 누르면 아래와 같이 디바이스 바꾸기 창이 뜨는데 찾을 내용에 고 장 난 접점 번호를 넣고 바꿀 내용에 바꿀 접점 번호를 입력한 후 모두 바꾸기를 눌 러 주면 전체를 쉽게 바꿀 수 있다.

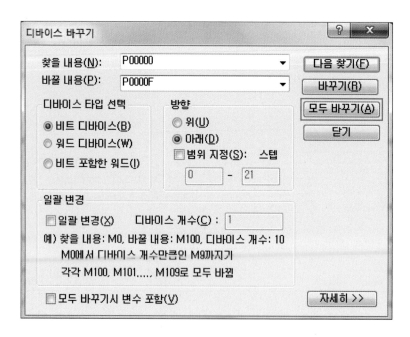

❹ 노트북에 PLC를 연결하여 프로그램을 확인하는데 0스텝의 P0000은 동작하는 게 보이고 출력 M0000이 동작을 안 할 경우에는 → 마찬가지로 프로그램의 M0000을 사용 안 하는 여유 접점 Mxxxx로 전체적으로 바꾸어 주면 된다. Mxxxx로 바꾸어 주기 전에 Ctrl + F를 한 다음에 Mxxxx가 이미 사용 중인지 확인한다.

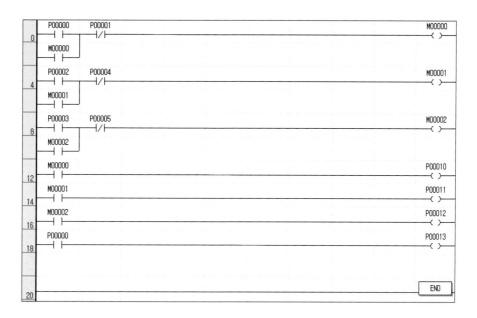

❺ M0000까지 동작을 해서 12스텝의 출력 P0010이 동작을 해야 하는데 안 한다면 출력도 바꾸어 준다. 출력도 바꿀 때는 PLC에 연결되어 있는 전기선을 풀어낸 후 여유 출력 단자에 연결하고 프로그램도 바꾸어 준다.

❻ PLC의 입력 카드 0 LED와 출력 카드 0 LED에 불이 들어오는데 아직도 컨베이어가 동작을 안 한다면 이제 출력 쪽을 확인해 봐야 한다. 우선 PLC 출력의 공통 단자가, 예를 들어 AC220V T상으로 연결되어 있다면 → 테스터기의 다리 한 개를 AC220V R상에 찍어 주고 → 나머지 다리 한 개를 PLC P0010 단자에 찍어 준 후 스위치를 누를 때 AC220V 정도 나오는지 확인해 본다. → AC220V 전기가 나오는데 컨베이어가 동작을 안 할 경우는 컨베이어 자체의 기계적 문제로 동작을 안 할 경우가 있고, 컨베이어의 M/C 문제일 수 있다. → 3상 모터일 경우 M/C의 하단 부분 U, V, W 전기를 테스터기를 이용하여 U, V를 찍어 보고 U, W를 찍어 보고 V, W를 찍어 본다. 세 번 하였을 때 전압이 제대로 안 나온다면 M/C를 교체하면 된다. M/C에서도 정상적으로 전압이 나온다면 이제 남은 건 모터가 고장 났는지 확인하는 것이다.

다음은 테스터기의 사용 방법이다.

초보자들에게는 HIOKI 제품인 클램프식 테스터기를 추천한다(후크미터라고도 한다).

좀 비싸지만 전류 측정이 편하고 판넬 고장을 점검할 때 클램프를 이용하여 걸어 두면 편하게 사용할 수 있다.

그리고 처음에는 디지털식을 사용하는 것이 편리하다.

 풀이

❶ 테스터기를 보면 테스터기마다 표시가 조금씩 다르지만 항상 같은 기호가 있다.

❷ 아래 사진에 표시된 부분이다.

❸ 아래 표시된 부분은 직류 전압을 측정한다는 것이다. 직류는 DC 전압이다.
   V는 '볼트'라고 읽는다.

④ 아래 표시는 교류 전압을 측정한다는 것이다. 교류 전압은 AC이다. 마찬가지로 V는 볼트이다.

⑤ 아래 표시는 저항을 측정한다는 표시이다. 기호는 '옴'이라고 읽는다.

⑥ 다음 표시는 직류 전류를 측정한다는 것이다. 초보자들은 전류를 측정하기 어렵기 때문에 앞에서 클램프식 테스터기를 추천하였다. 초보자는 클램프식 테스터기가 아니라면 전류 측정은 하지 않는 것이 좋다. A는 '암페어'라고 읽는다.

⑦ 다음은 다이오드를 측정하는 표시인데, 보통은 전기선의 단선 여부를 부저를 통해 쉽게 확인할 때 쓰인다.

❽ AC 전압(교류)을 측정할 때 아래와 같은 식의 테스터기를 사용하려면 항상 주
   의해야 한다. 먼저 테스터기의 다이얼을 돌려 교류를 측정하려고 할 때, 아래 사
   진을 보면 600과 200이 있다. 테스터기 다이얼을 200에 놓으면 이 테스터기는
   200V까지만 측정 가능하다는 표시이다. 마찬가지로 600에 놓으면 600V까지
   측정 가능하다는 뜻이다.

   현장에서는 110V, 200V, 220V, 380V 등 다양한 전압을 사용하는데 380V 전
   압을 측정할 때 다이얼을 200에 돌려놓고 측정하면 테스터기가 고장 난다(자동
   으로 보호해 주는 테스터기도 있다).

   만약 이렇게 숫자가 여러 개 있다면 초보자들은 제일 높은 수치에 다이얼을 놓
   고 테스터기를 사용하면 된다.

❾ 직류일 때도 마찬가지이다. 숫자가 여러 개 있으면 다이얼을 제일 높은 곳에 놓고 사용하면 된다.

이렇게 다이얼을 돌려서 수치를 지정해야 하는 테스터기를 사용하면 번거로우므로 처음 하는 분들은 다이얼 수치를 조정할 필요없이 AC, DC, 저항, 부저, 전류를 선택만 해 주면 테스터기가 허용 가능한 범위까지 알아서 측정해 주는 포켓용 테스터기나 클램프식 테스터기를 사용하도록 한다.

그리고 고압의 전압일 때는 별도의 고압 측정용 테스터기가 따로 있으니 주의한다. 일반 휴대용으로 고압을 측정하면 사망할 수도 있다.

⑩ 다음은 테스터기를 많이 사용 안 해 본 분들이 헷갈려 하는 저항(옴) 부분이다.
아래 사진을 보면 저항은 200, 2000, 20K, 200K, 2000K로 다섯 가지 선택이
가능하다.

PLC 위주로 사용하는 테스터기라면 아래 사진의 테스터기의 경우는 200에만
놓고 사용하면 된다. 하지만 전기 분야가 아닌 전자 분야에서는 테스터기의 저
항 다이얼을 전부 사용한다(전기 분야도 사용할 때가 있지만 많지는 않다).

예를 들어 탄소 피막 저항이라는 전자 부품이 있는데, 이 탄소 피막 저항이 20K
옴(=20,000옴)일 때 테스터기의 다이얼을 200 또는 2000에 놓고 하면 테스터
기가 측정을 못한다.

그럼 보통 어떤 때 테스터기로 저항 측정을 할까?

위와 같은 테스터기의 경우는 저항값을 200에 놓고 전기선의 단선 여부를 확인
할 때나, 스위치 등의 접점에 이상이 있는지, 히터나 모터가 단선되었는지를 확
인할 때 많이 사용한다.

즉, 현장에서 자동화 설비 중 전기 고장이 의심되어 전기선 끊어짐(단선) 여부를
측정할 때는 테스터기의 저항 측정 다이얼 수치를 최대한 낮은 쪽으로 돌려 놓
고 해야 한다.

일반적으로 전기가 통하는 것을 '도통된다'라고 하거나 그냥 '통한다'라고도 하는
데 전기선이나 스위치 등에 문제가 있을 경우에는 테스터기로 저항을 찍어 보면

높은 수치의 값이 나오게 된다. 이렇게 되면 문제가 된다. **정상일 경우는 저항값이 0옴에 근접해야 한다.** 테스터기가 0.1, 0.5 이런 식으로 소수점으로 나오면 괜찮지만 간혹 3옴, 1옴 이렇게 나올 때가 있다. 3옴, 1옴은 수치 자체는 낮지만 스위치나 전기선의 경우에는 문제가 된다(테스터기의 배터리가 없거나, 보정이 필요한 경우 이렇게 나올 수도 있다).

히터나 모터의 단선 여부를 확인할 때도 저항값을 확인하는데 모터의 경우 모터의 용량에 따라 다르지만 3상 모터일 때 전기선이 세 가닥 또는 여섯 가닥일 경우 테스터기로 이리저리 찍어 봤을 때 저항값이 모두 일정하게 나와야 한다. 찍어 봤는데 K옴으로 나오면 모터의 코일에 문제가 있는 것이다(6선 모터일 경우는 선을 다 해체하고 1, 4번 · 2, 5번 · 3, 6번 이렇게 찍어 보면 된다). 예를 들어 3상 6선 모터의 이상 여부를 확인할 때 1, 4번을 찍어 봤는데 5.5옴이 나왔다. 2, 5번을 찍어 봤는데 비슷하게 5.4옴이 나왔다. 그럼 3, 6번도 찍어 보면 비슷하게 5옴 정도가 나와야 하는데 10옴, 1메가옴, 100옴 등 5옴에 비슷하게 나오지 않는다면 100% 3, 6번 코일 선에 문제가 있는 것이다.

테스터기를 사용할 때는 사용하기 간편한 테스터기를 사용하고, 자신이 측정하는 것이 AC 전압인지, DC 전압인지, 저항인지를 확인하며 테스터기의 다이얼을 정확하게 놓고 해야 한다.

저항을 측정할 때는 최대한 다이얼을 낮은 저항 수치에 놓고 하고, 단선 여부를
확인할 때는 저항값이 0옴에 근접해야 한다.

그리고 저항 측정을 하기 전에 테스터기의 다리 두 개를 서로 부딪혀 테스터기
의 저항값에 어느 정도 오차가 있는지 확인해 본다.

아래와 같이 저항값을 200에 놓고 찍어 봤을 때 0.4옴이 나왔다면 이 테스터기
로 전기선을 찍어 봤을 때 0.4옴 정도가 나오면 된다.

시뮬레이터 사용

01 아래와 같이 프로그래밍해 본다.

```
     P00000                                                          P00030
0    ─┤ ├─                                                          ─( )─
     P00001                                                          P0003F
2    ─┤ ├─                                                          ─( )─
     P00010                                                          P00040
4    ─┤ ├─                                                          ─( )─
     P00011                                                          P0004F
6    ─┤ ├─                                                          ─( )─
                                                                  ┌─────┐
8                                                                 │ END │
                                                                  └─────┘
```

02 왼쪽 프로젝트 창의 I/O 파라미터를 더블 클릭한다.

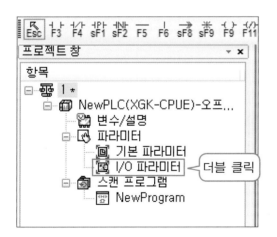

POINT

프로젝트 창 : Alt + 1
메시지 창 : Alt + 2
변수 모니터 창 : Alt + 3
명령어 창 : Alt + 4

03 아래와 같은 화면이 나오면 표시된 곳을 마우스로 클릭한다.

04 아래와 같이 화살표가 생기는데 이것을 클릭한다.

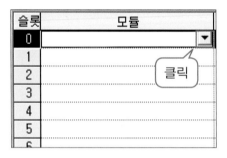

05 디지털 모듈 리스트를 더블 클릭하거나 또는 왼쪽의 ⊞를 클릭한다.

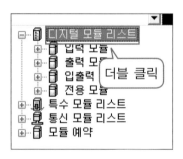

06 프로그래밍한 것을 보면 입력은 P0000, P0001, P0010, P0011이고, 출력은 P0030, P003F, P0040, P004F이다. 아래의 입력 모듈을 더블 클릭한다.

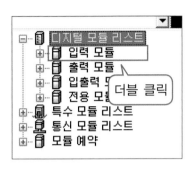

07 아래와 같이 입력 카드의 종류가 나온다. 입력 P0000~P000F(16점) 중 프로그램상 입력이 P0000, P0001(2점)밖에 없으므로 첫 번째 XGI-D21A(8점)를 선택해도 되지만 여유 있게 입력 16점을 사용할 수 있는 XGI-D22A/B를 선택한다.
16점 = P0000 ~ P000F까지 사용 가능하다는 뜻이다.

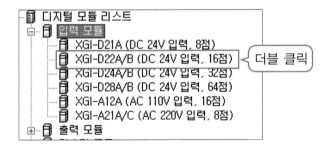

08 **이 부분은 중요한 설명이다.** 시뮬레이터를 사용하기 위해 이번 내용을 꼭 이해하도록 하자. 아래 표시된 부분은 PLC 베이스 첫 번째에 입력 카드 XGI-D22A/B를 가상으로 꽂았다는 뜻이다.

슬롯	모듈	설명	입력 필터	비상 출력	할당 정보
0	XGI-D22A/B (DC 24V 입력, ▼		3 표준[ms]	-	P00000 ~ P0000F
1					
2					
3					
4					
5					

전원부와 CPU부를 제외하고 첫 번째 카드는 0번 카드, 두 번째에 꽂혀 있는 카드
는 1번 카드라고 이 책 처음에 설명하였다.

아래 표시되어 있는 0번 슬롯은 PLC 베이스의 첫 번째 카드라는 뜻이고, 이곳에
가상으로 16점짜리 입력 카드를 꽂아 주었으므로 P0000~P000F까지 입력이라는
뜻이다. 할당 정보를 확인해 보자.

09 다시 아래 래더도를 보고 가상으로 나머지 입력, 출력을 설정해 보자. 단, 입력과
출력은 전부 16점으로 하도록 한다.

10 0번 슬롯에 입력 16점 카드를 가상으로 꽂아 준다.

1번 슬롯에 입력 16점 카드를 가상으로 꽂아 준다.

3번 슬롯에 출력 16점 카드를 가상으로 꽂아 준다.

4번 슬롯에 출력 16점 카드를 가상으로 꽂아 준다.

오른쪽의 할당 정보를 확인해 보자. 이제 가상으로 꽂은 카드로 사용할 수 있는 디바이스 번호가 나온다.

슬롯	모듈	설명	입력 필터	비상 출력	할당 정보
0	XGI-D22A/B (DC 24V 입력)		3 표준[ms]	-	P00000 ~ P0000F
1	XGI-D22A/B (DC 24V 입력)		3 표준[ms]	-	P00010 ~ P0001F
2					
3	XGQ-RY2A/B (RELAY 출력)		-	디폴트	P00030 ~ P0003F
4	XGQ-RY2A/B (RELAY 출력)		-	디폴트	P00040 ~ P0004F
5					

11 입력을 완료한 후 확인을 클릭한다.

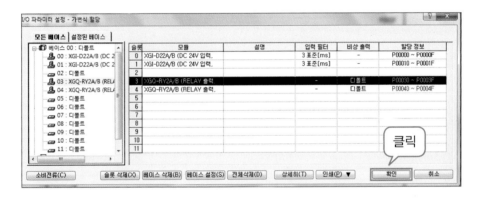

12 다시 아래 화면으로 나오게 된다.

13 주 메뉴 아래의 기본 툴바에서 시뮬레이터 시작/끝 아이콘을 찾아 클릭한다.

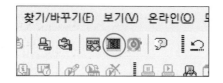

혹시 아이콘이 보이지 않는다면 주 메뉴의 도구 탭에서 시뮬레이터 시작을 선택한다.
같은 기능이니 두 가지 방법 중 본인이 편한 대로 한다.

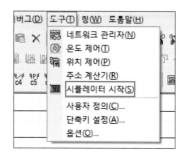

14 아래와 같은 창이 나오면 우선 잠시 지켜본다. 컴퓨터 사양에 따라 다를 수 있지만
시간이 걸린다.

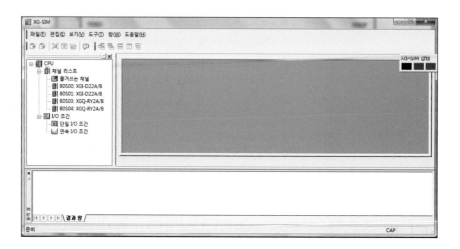

15 아래와 같은 화면이 나오면 확인을 클릭한다.

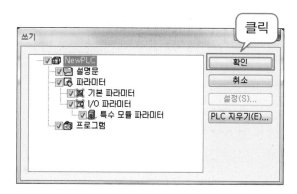

16 이런 메시지창이 나오면 또 확인을 클릭한다.

17 PLC와 연결한 것같이 상단 온라인 툴바의 아이콘이 활성화된다. 이제 가상 시뮬레
이터를 사용할 수 있다. 아래 표시된 곳을 클릭하여 PLC를 RUN시킨다. RUN시켜
야 PLC 프로그램이 동작할 수 있다.

18 혹시나 아래와 같이 표시된 곳의 아이콘이 활성화되지 않았다면 한 번 클릭해서 활성화시켜 준다. 이 아이콘은 모니터 시작/끝이라는 아이콘으로 PLC 프로그램이 동작하는 것을 사람 눈으로 볼 수 있게 표시해 주는 것이다.

활성화 안 됨   모니터링 중

19 가운데 상단에 있는 모니터 툴바에서 시스템 모니터 아이콘을 클릭한다.

아이콘이 보이지 않는다면 주 메뉴의 모니터 탭에서 시스템 모니터를 선택하면 된다.

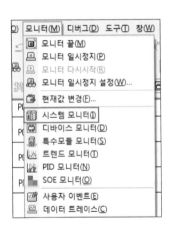

20 다음과 같은 창이 뜨면 보기 편하게 아래 표시된 부분을 클릭한다.

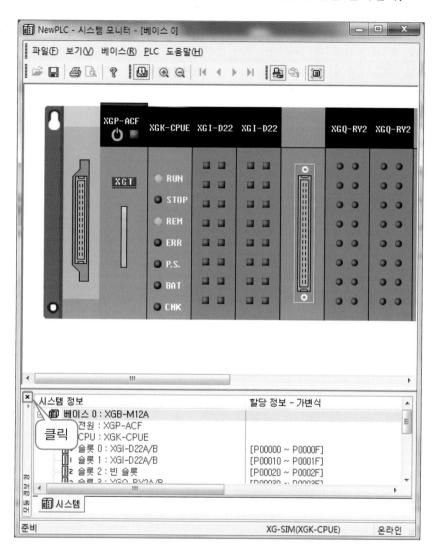

21 그리고 마우스로 조정하여 창 크기를 적당하게 조절한다.

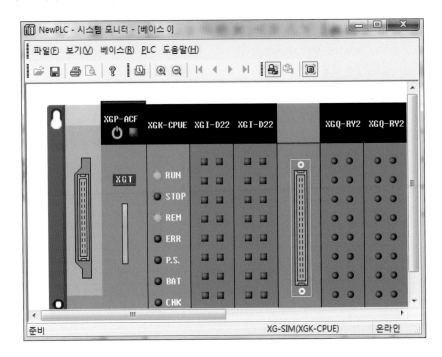

22 주 메뉴의 보기 탭에서 전체 화면을 클릭한다.

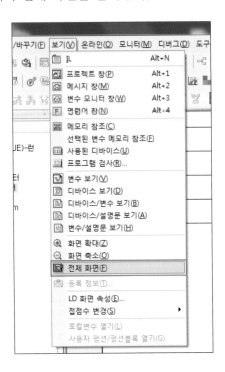

23 화면이 아래와 같이 커진다.

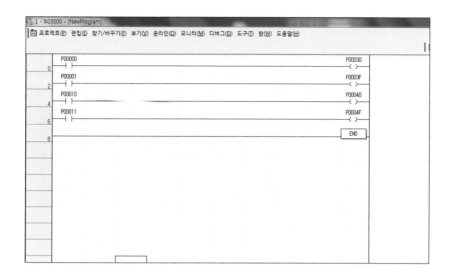

24 시스템 모니터가 안 보이면 윈도 하단 화면에서 시스템 모니터를 클릭하여 다시 창을 볼 수 있게 한다.

25 아래와 같이 시스템 모니터 창과 프로그램 창을 같이 볼 수 있게 시스템 모니터 창을 배치해 준다.

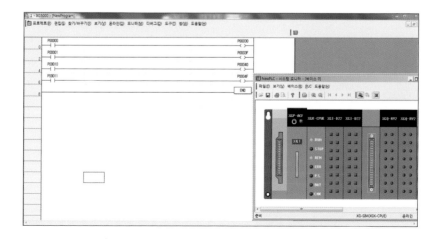

26 시스템 모니터 창 설명이다.

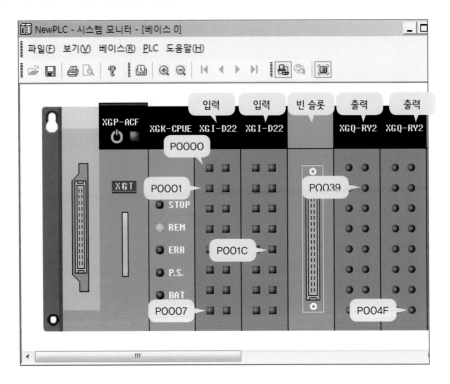

입력				출력			
P0000	P0008	P0010	P0018	P0030	P0038	P0040	P0048
P0001	P0009	P0011	P0019	P0031	P0039	P0041	P0049
P0002	P000A	P0012	P001A	P0032	P003A	P0042	P004A
P0003	P000B	P0013	P001B	P0033	P003B	P0043	P004B
P0004	P000C	P0014	P001C	P0034	P003C	P0044	P004C
P0005	P000D	P0015	P001D	P0035	P003D	P0045	P004D
P0006	P000E	P0016	P001E	P0036	P003E	P0046	P004E
P0007	P000F	P0017	P001F	P0037	P003F	P0047	P004F

이런 식으로 각 카드당 번호가 세로 순서로 나열된다.

27 시스템 모니터에서 P0000을 마우스로 클릭해 보자. 아래와 같은 창이 나오면 화면
　　에 다시 표시 안 함을 체크한 후 확인을 다시 클릭한다. 화면에 다시 표시 안 함을
　　체크하지 않으면 클릭할 때마다 귀찮게 계속 물어본다.

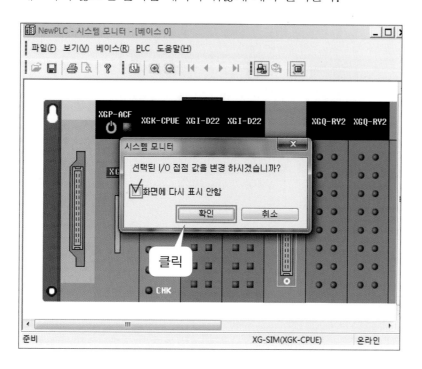

28 아래 화면과 같이 프로그램 화면 0스텝의 A접점이 ON되어 → 출력 P0030이 ON
　　되었다.

그리고 시스템 모니터 창의 P0000 램프가 ON되고 출력 P0030 램프가 ON되었다.

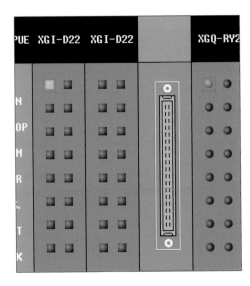

29 시스템 모니터에 아래와 같이 스위치가 **가상**으로 연결되어 있다고 생각하면 된다. 그리고 프로그램상의 P0000이 ON되면 → 출력 P0030이 ON되어 아래와 같이 출력의 P0030 램프가 ON되게 된다.

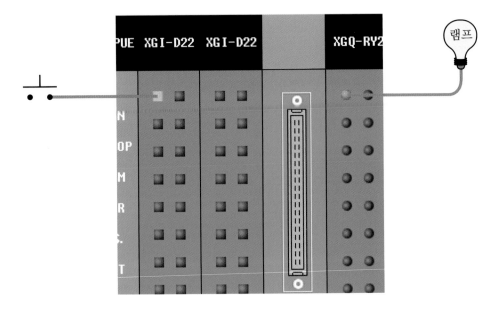

30 프로그램만 가지고 아래와 같이 확인하기 편하다. 실제로 현장에서도 아래와 같이 프로그램이 동작하는지를 확인한다.

나머지 입력 스위치들을 클릭해서 출력이 동작하는 모습을 확인해 본다.

31 주 메뉴의 보기 탭에서 전체 화면 해제를 클릭하면 화면이 복귀된다.

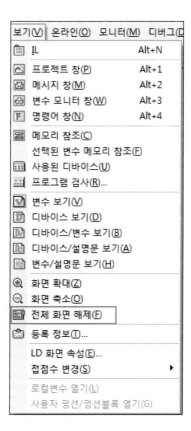

초기 상태에서 푸쉬 버튼을 눌렀다 떼면 모터가 ON, 또 한 번 눌렀다 떼면 모터가 OFF, 또 한 번 눌렀다 떼면 모터가 ON, 또 한 번 눌렀다 떼면 모터가 OFF된다. 이런 식으로 푸쉬 버튼을 눌렀다 뗄 때마다 모터가 ON, OFF를 반복하는 프로그래밍을 만들어 보자.

> **조건**
>
> 푸쉬 버튼 : P0000   모터 : P0040

풀이

❶ 아래와 같이 프로그래밍한다.

❷ I/O 파라미터를 클릭하여 입출력 카드를 세팅한다.

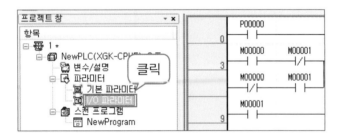

❸ 프로그래밍된 것의 입력은 P0000이므로 0번 슬롯에 입력 카드를 설정해 준다. 프로그래밍된 것의 출력은 P0040이므로 4번 슬롯에 출력 카드를 설정해 준다.

슬롯	모듈	설명	입력 필터	비상 출력	할당 정보
0	XGI-D22A/B (DC 24V 입력,		3 표준[ms]	-	P00000 ~ P0000F
1					
2					
3					
4	XGQ-RY2A/B (RELAY 출력,		-	디폴트	P00040 ~ P0004F
5					

④ 시뮬레이터를 시작한다.

⑤ 시스템 모니터 창도 띄운다. 아래와 같이 XG-SIM 상태 창이 출력 동작을 가리고 있다. 마우스로 이동 가능하니 프로그램을 가리지 않는 곳에 배치해 둔다.

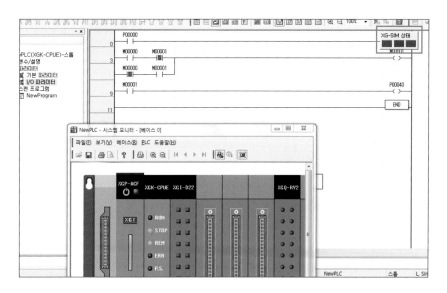

프로그래밍한 것에 맞게 프로그램 창과 시스템 모니터 창의 크기를 조절하여 보기 쉽게 배치한다. 그리고 아래와 같이 런 모드와 모니터링은 꼭 활성화시켜 놓는다.

⑥ 시스템 모니터의 P0000을 한 번 ON한 후 바로 OFF시켰다. 3스텝의 접점 두 개가 ON되어 → 출력 M0001이 ON되고 → 9스텝 A접점도 ON되어 출력 P0040이 ON되는 것을 볼 수 있다.

⑦ 다시 한 번 P0000을 ON한 후 바로 OFF시켰다. → 3스텝을 확인해 보면 A접점 두 개가 차단되어 출력 M0001이 OFF되고 → 9스텝도 OFF되어 있다.

⑧ 이 시뮬레이터는 비싼 PLC가 없어도 본인이 한 프로그래밍을 눈으로 확인할 수 있어서 참 좋다. 하지만 이렇게 확인하는 것도 앞서 공부한 프로그래밍만 가지고 풀이해 나가는 훈련이 되어 있지 않다면 이게 왜 동작하고 왜 안 되는지를 보고도 이해하기 힘들 것이다. 그래서 시뮬레이터 과정을 이 책의 마지막에 쓰게 되었다. 어느 정도 프로그래밍을 보는 눈이 숙련되면 시뮬레이터를 사용하는 것도 좋으나 초보자는 시뮬레이터를 사용하여 확인하기 전에 래더도만 가지고 프로그래밍된 것이 어떤 식으로 동작하는지 생각해 보는 훈련을 많이 해 보자. 이 과정을 거치면 실제 현장에서 능숙하게 대처할 수 있다.

예제2

조건

시작 스위치(푸쉬 버튼) : P0000   정지 스위치(푸쉬 버튼) : P0001

실린더 전진 검출 센서 : P0002   금속 검출 센서 : P0003

제품 검출 센서 : P0004   컨베이어 모터 : P0040

실린더 솔 밸브(편솔) : P0041

위의 예제는 실제 현장에서 사용하는 것으로 제품은 요구르트라고 생각하자(프로그래밍한 것은 연습을 위한 것으로 실제 현장에서 빠른 제품에 적용할 경우 동작은 안 된다).

요구르트의 경우, 제품의 내용물이 밖으로 나가지 못하게 윗부분을 은박지로 씌워 놓았다. 제품 생산 중에 이 은박지가 씌워져 있지 않을 경우 감지하여 실린더로 내보내는 것이다(실제 현장에서는 그냥 에어로 내보낸다). 제품이 컨베이어를 따라 이송되는 중에 은박지가 씌워져 있지 않을 경우 10초 뒤에 실린더가 동작하여 제품을 쳐내게 하고 반복 동작이 되어야 한다.

시작 스위치 ON → 컨베이어 구동 → 제품이 양품일 경우 그냥 통과 → 제품이 불량일 경우 제품 검출 센서 ON, 금속 검출 센서 ON → 10초 뒤 실린더 동작 → 실린더 전진 검출 후 실린더 후진 → 정지 스위치 ON → 컨베이어 정지

풀이를 보기 전에 스스로 프로그래밍해 본다.

풀이

❶ 아래 프로그램에서 입력은 P0000, 출력은 P0040이다. 시뮬레이터를 사용하기 위해 I/O 파라미터를 설정한다.

❷ I/O 파라미터를 아래와 같이 설정하고 시뮬레이터를 동작시킨다.

슬롯	모듈	설명	입력 필터	비상 출력	할당 정보
0	XGI-D22A/B (DC 24V 입력,		3 표준[ms]	–	P00000 ~ P0000F
1					
2					
3					
4	XGQ-RY2A/B (RELAY 출력, ▼		–	디폴트	P00040 ~ P0004F
5					

❸ 프로그램을 런시킨다.

④ 아래와 같이 시스템 모니터 창의 크기를 보기 좋게 조정하여 위치시킨다.

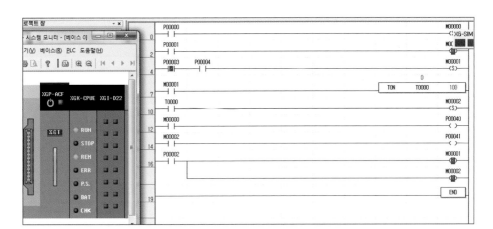

⑤ 이제 시스템 모니터의 입력 접점을 클릭하면 동작하는 것을 확인할 수 있다. 앞에서 동작 조건을 설명할 때 실린더가 전진한 후 실린더 전진 검출 센서가 동작을 하고 다시 실린더가 후진을 한다고 하였다. 이것을 시뮬레이터로 확인하려면 실린더 전진 검출 센서 P0002도 클릭하여 ON한 후 다시 OFF시켜 줘야 하는데, 이런 번거로움을 피하기 위해 조건식 설정을 활용해 보자. 이 책은 초급 과정을 설명하는 책이라 처음 공부하는 초보자에게는 조금 생소할 수 있으나, 고급 과정에서 활용하는 데이터 명령어들을 아주 조금 활용한 것이라고 할 수 있으니 나중을 위하여 공부하자.

⑥ 시뮬레이터 창에서 단일 I/O 조건을 클릭한다. 혹시 이 시뮬레이터 창이 보이지 않는다면 윈도 하단에 컴퓨터 모양을 클릭해 본다. 컴퓨터 모양도 보이지 않는다면 처음부터 다시 시뮬레이터를 동작시킨다.

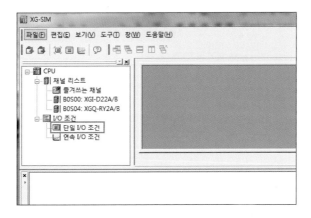

❼ 클릭하면 아래와 같은 창이 나온다.

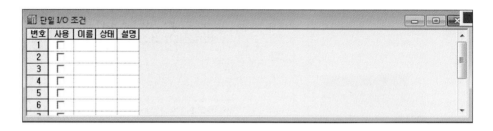

❽ 아래 표시된 빈 공간을 더블 클릭한다.

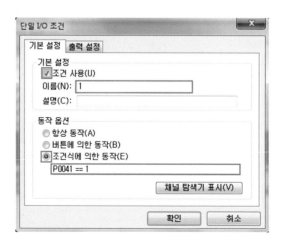

❾ 아래와 같은 창이 나오면 순서대로 입력한다.

기본 설정에서 조건 사용을 체크하고 이름 칸에 글자를 입력한다. 동작 옵션에서 조건식에 의한 동작을 선택하고 하단 입력 칸에 P0041 == 1이라고 입력한다.

기본 설정에서 이름 옆에 입력하는 것은 조건을 확인할 때 본인이 확인하기 쉽게 이름을 정하는 것이다. 아무렇게나 입력해도 동작하는 데는 문제 없다.

동작 옵션에서 조건식에 의한 동작을 체크하였다. 이것은 프로그래밍하는 사람이 어떠한 조건식을 만들어 어떠한 동작을 하게 만든다는 뜻이다.

여기서 중요한 내용이다. P0041 == 1이라고 입력하였는데 P0041은 출력 실린더 솔 밸브를 뜻한다. 그리고 등호 ==를 두 개 입력하였는데 한 개만 입력해서는 안 된다. 왜냐하면 그렇게 만든 것이기 때문이다. 등호 뒤의 숫자 1은 ON이라고 생각 하면 된다.

PLC 고급 과정을 공부하면 데이터 명령어를 배우는 기초 과정에서 16진수 2진수 BCD를 공부하게 되는데, PLC 동작은 데이터가 0이면 OFF, 1이면 ON 이렇게 2진 수 동작을 한다. 우선 초급 과정이니 여기서는 이 정도만 이해하고 넘어간다.

위의 조건식을 간단히 풀이하면 'P0041이 ON되면'이라는 뜻이다.

⑩ 기본 설정을 하고 난 뒤 출력 설정 탭을 클릭한다.

⓫ 그리고 아래와 같이 디바이스/채널에 P0002를 입력, 설정값에 1을 입력한 후 확
인을 누른다.

번호	디바이스/채널	설정 값
1	P0002	1
2		
3		
4		
5		

채널 탐색기 표시(V)

확인   취소

여기서 설정한 P0002는 실린더 전진 검출 센서이고, 설정값 1은 앞에서 설명한
대로 ON이라는 뜻이다.

P0041 == 1, 출력 설정 P0002는 1이라는 조건 설정을 풀이하자면 P0041이
ON이 되면 P0002도 ON이 된다는 뜻이다. 즉, 실린더 솔 밸브가 동작하면 실
린더 전진 검출 센서도 동작을 한다는 것이다.

⓬ 위의 내용을 입력한 후 확인을 누르면 아래와 같은 화면이 나온다.

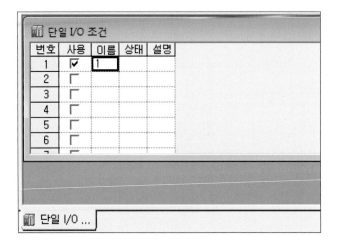

⑬ 메뉴 상단의 기본 툴바에서 아래 표시된 단일 I/O 조건 사용 또는 해제라는 아이콘을 클릭한다.

이 아이콘을 클릭하면 XG-SIM 상태 창 중간에 있는 녹색 램프가 깜빡거린다.

단일 I/O 조건 사용 전　　　　　단일 I/O 조건 사용 후

⑭ 다시 PLC 래더도로 나와서 시스템 모니터의 P0000을 ON한 후 OFF한다 (P0000은 푸쉬 버튼이라고 하였으니 바로 ON시킨 후 바로 OFF한다). 그럼 아래와 같이 0스텝의 출력 M0000이 SET되고 → 12스텝의 출력 P0040이 ON 되어 컨베이어가 동작하게 된다.

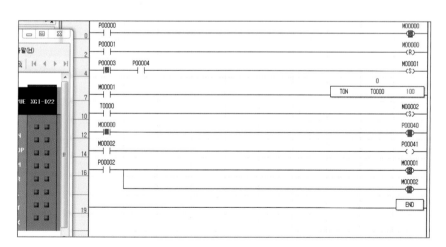

⑮ 컨베이어가 가동되는 중에 요구르트가 지나가고 이때 양품인 제품이 지나갈 때를 가정해서 시스템 모니터의 P0003, P0004를 ON시킨다. 4스텝의 B접점 P0003은 OFF되고 → A접점 P0004는 ON되지만 → B접점 P0003이 OFF되어 있기 때문에 → 출력 M0001은 동작을 못해서 실린더가 동작을 안 한다. 즉, 양품이기 때문에 실린더는 동작을 안 한다.

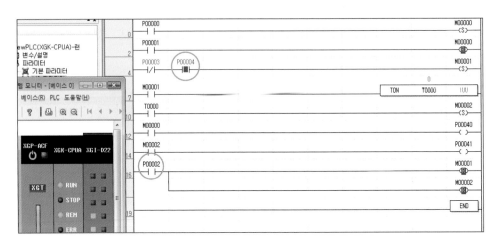

⑯ 요구르트가 불량일 때를 가정한다. 요구르트에 은박이 씌워져 있지 않으면 금속 검출 센서가 동작을 안 하고 요구르트 병만 검출하게 된다. 즉, 제품 검출 센서 P0004만 ON되는데 시스템 모니터의 P0004를 ON시킨 후 OFF해 본다. 그럼 아래와 같이 타이머가 초를 세고 있다. **그리고 P0041이 10초 뒤에 동작하는 것을 볼 수 있거나 볼 수 없을 수 있다.**

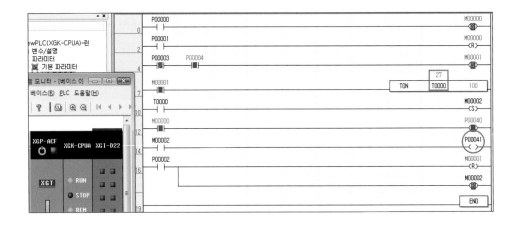

왜 이런 현상이 발생되느냐 하면 실제로 실린더와 검출 센서를 사용하였을 경우에는 실린더가 **전진하는 동안 어느 정도 시간이 걸리고** 일정 시간 후 실린더가 전진하여 실린더 전진 검출 센서가 동작하지만 가상 시뮬레이터상에서는 단일 I/O 조건에서 실린더가 **동작**하면 바로 실린더 전진 검출 센서가 동작하도록 설정하였기 때문이다. 이 문제를 기본 파라미터 설정에서 해결해 보자.

⑰ 프로젝트 창의 기본 파라미터를 더블 클릭한다.

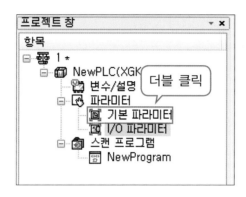

⑱ 기본 동작 설정 탭의 기본 운전 설정에서 고정 주기 운전을 체크하고 입력 시간 설정에 999를 입력 → 워치독 타이머에 1000을 입력한 후 확인을 클릭한다.

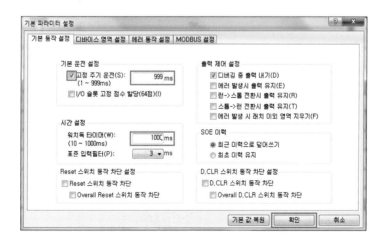

⑲ 메뉴 상단의 런 옆에 있는 쓰기 아이콘을 클릭한다.

⑳ 아래와 같은 창이 나오는데 잘 보면 기본 파라미터가 체크되어 있는 것을 볼 수 있다. 프로그래밍한 것을 수정한 후 반드시 쓰기 아이콘을 눌러 줘야만 수정된 것이 동작을 할 수 있다.

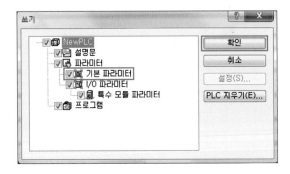

확인을 클릭한다.

㉑ 예를 클릭한다.

㉒ 예를 클릭한다.

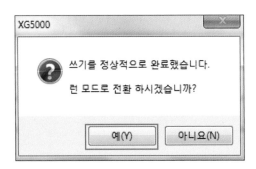

㉓ 그리고 다시 시스템 모니터의 P0004를 ON한 후 OFF시켜 본다. 시스템 모니터를 클릭하고 나서 P0004가 ON되는 시간이 늦어지고, 또 프로그램 동작이 전체적으로 늦어져 눈으로 볼 수 있게 된다.

㉔ 시간을 다시 초기 설정으로 하려면 기본 파라미터 설정의 기본 동작 설정 탭에서 아래와 같이 기본값 복원을 클릭한 후 확인을 클릭하면 된다.

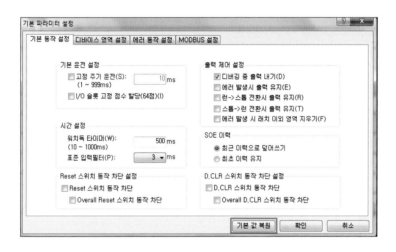

㉕ 그리고 다시 쓰기 아이콘을 클릭한다.

POINT

실제로 설비가 가동 중일 때 쓰기를 하면 설비가 정지하게 되므로 주의한다. 그리고 PLC와 컴퓨터가 접속 중인 상태에서 프로그램 창에 아무것도 입력을 하지 않고 이 쓰기를 누르면 아무것도 없는 프로그래밍이 PLC로 쓰기가 된다. 즉, 현장에서 잘못할 경우 프로그래밍이 없어질 수 있다.

조건

시작 스위치(푸쉬 버튼) : P0000	정지 스위치(푸쉬 버튼) : P0001
A구역 도착 감지 센서 : P0002	B구역 도착 감지 센서 : P0003
C구역 도착 감지 센서 : P0004	D구역 도착 감지 센서 : P0005
모터 정회전(대차 전진) : P0040	모터 역회원(대차 후진) : P0041

위의 조건을 가지고 그림과 같이 순서대로 동작하는 프로그래밍을 해 보자.

시작 스위치를 누르면 대차가 C구역까지 전진한다.

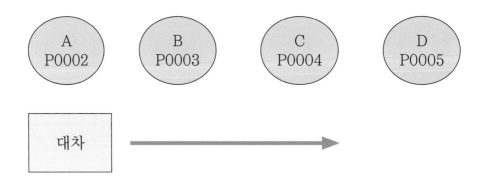

대차가 C구역까지 전진하여 C구역의 P0004가 감지하면 B구역으로 후진한다.

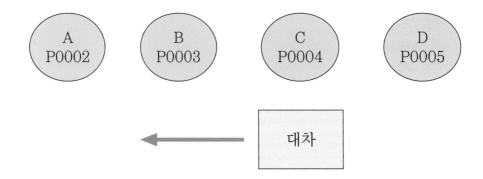

대차가 B구역까지 후진하여 B구역의 P0003이 감지하면 D구역으로 전진한다.

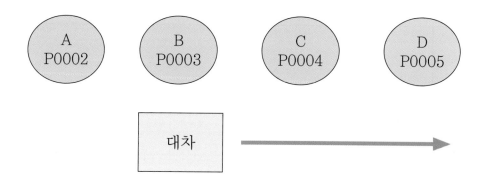

대차가 D구역까지 전진하여 D구역의 P0005가 감지하면 A구역으로 후진한다.

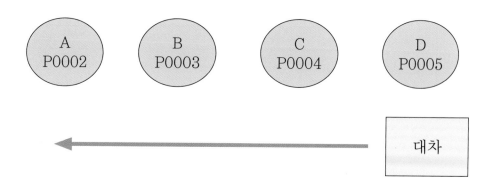

이동하는 중에 정지 스위치를 누르면 대차는 A구역으로 복귀하고 정지한다.

즉, 시작 스위치를 누르면 A → C → B → D → A 순서로 대차가 움직이도록 해야 한다. S 명령어를 사용하면 쉽게 할 수 있다.

전에 공부한 예제이다. 예제를 프로그래밍하고 시뮬레이터를 사용하여 동작시켜 보자.

풀이

❶ 아래는 래더도이다.

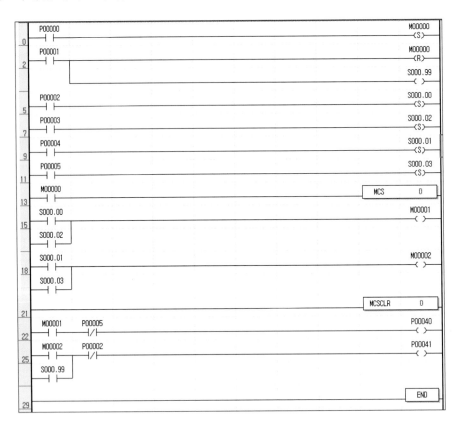

❷ I/O 파라미터를 설정한다.

슬롯	모듈	설명	입력 필터	비상 출력	할당 정보
0	XGI-D22A/B (DC 24V 입력,		3 표준[ms]	–	P00000 ~ P0000F
1					
2					
3					
4	XGQ-RY2A/B (RELAY 출력, ▼		–	디폴트	P00040 ~ P0004F
5					

❸ 시뮬레이터를 시작한다.

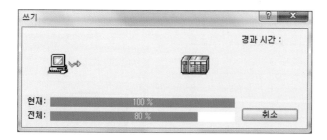

❹ 런시킨다.

❺ 시스템 모니터 창을 연다.

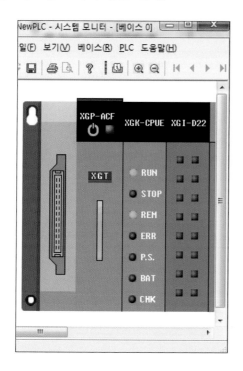

❻ 한눈에 볼 수 있게 프로그램 창을 전체 화면으로 키우고 시스템 모니터 창은 우
측으로 이동시킨다.

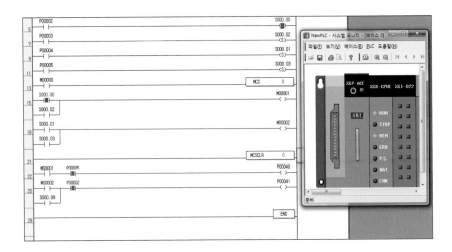

❼ 시작 스위치 P0000을 ON한 후 OFF시킨다(푸쉬 버튼이기 때문에 ON한 후 바
로 OFF한다). 22스텝의 출력 P0040이 ON하여 대차가 전진한다.

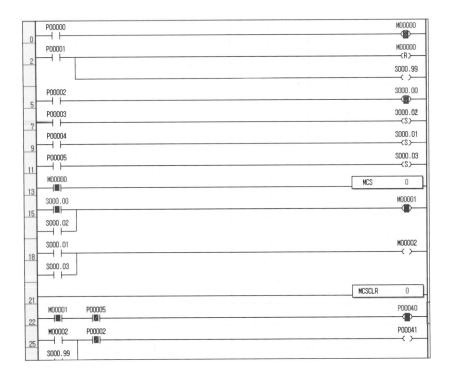

❽ 시스템 모니터의 입력 카드에서 아래와 같이 순서대로 ON시켜 본다. P0000은 시작 스위치이고 P0001은 정지 스위치이므로 제외한다.

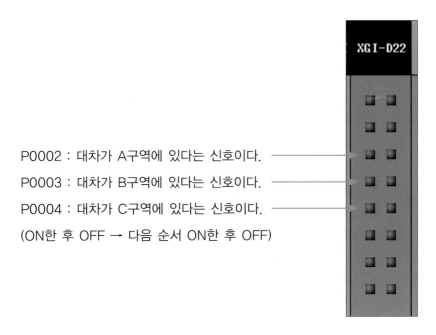

P0002 : 대차가 A구역에 있다는 신호이다.
P0003 : 대차가 B구역에 있다는 신호이다.
P0004 : 대차가 C구역에 있다는 신호이다.
(ON한 후 OFF → 다음 순서 ON한 후 OFF)

위와 같이 순서대로 ON/OFF하였을 때 PLC 래더도면의 변화를 잘 관찰하자. P0004를 ON하였을 때 출력 P0040이 OFF하면서 출력 P0041이 ON하여 대차는 후진하게 된다. 그리고 출력 S 명령어의 움직임도 잘 관찰해 본다.

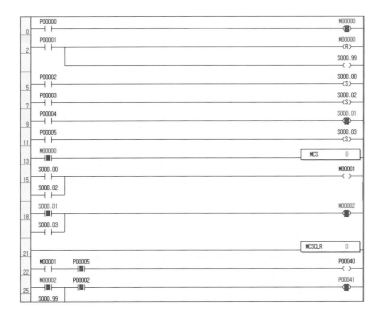

❾ 대차가 후진 중이므로 이제 C구역 P0004의 역순으로 ON/OFF한다. P0003을
ON한 후 OFF하면 다시 전진하게 된다.

이 시뮬레이터를 사용하는 요령 중 하나는 머릿속으로 가상의 설비가 움직이는
것을 잘 생각하는 것이다.

처음 조건에서 대차가 A → C → B → D → 다시 A부터 반복한다고 설명하였
다. 그럼 대차가 전진, 후진, 전진, 후진을 할 때 A, B, C, D 구역을 지나가게
되는데 이때 각각의 구역에서 어떤 센서가 순서대로 동작하는지 잘 생각해야
한다.

연습 문제

 예제1

P0000 : 손 감지 센서   P0040 : 자동 밸브

손을 감지하면 자동 밸브가 열려 10초 동안 물이 나오고, 중간에 손을 빼면 밸브가 닫히는 프로그래밍을 해 보자.

 예제2

P0000 : 물탱크 수위 상한 감지 센서   P0001 : 물탱크 수위 하한 감지 센서

P0002 : 시작(실렉트 스위치)   P0040 : 펌프

P0041 : 부저

시작 스위치(실렉트)를 돌리고, 물탱크 내의 수위 상한 감지 센서가 동작하면 펌프가 OFF하고, 수위 하한 감지 센서가 감지하면 펌프가 ON하여 탱크 내의 수위 상한 감지 센서까지 물을 공급한다. 이때 펌프의 체크 밸브 오동작이나 어떠한 문제로 펌프가 물을 공급하지 못하고 공회전할 경우 펌프 보호를 위하여 펌프가 OFF하고 부저가 울리게 해 보자.

예제3

P0000 : 시작 스위치(푸쉬 버튼)

P0040 : 램프 1   P0041 : 램프 2   P0042 : 램프 3

시작 스위치를 누르면 2초 뒤에 램프 1 ON, 다시 2초 뒤에 램프 1 OFF, 램프 2 ON, 다시 2초 뒤에 램프 2 OFF, 램프 3 ON, 다시 2초 뒤에 램프 3이 OFF되어 정지하는 프로그래밍을 해 보자.
상당히 재미있는 프로그래밍이므로 풀이를 보지 말고 꼭 스스로 해 보자.

풀이 1

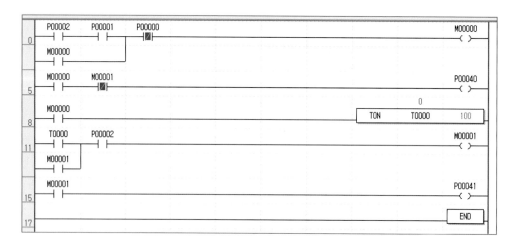

풀이 2

위와 같은 급수 시스템에서 펌프를 사용할 때 전자 접촉기, 오버로드를 사용하여 펌프에 이상이 있어 과전류가 발생하면 오버로드가 차단해 주는 방법이 있다. 이 책에서는 오버로드와 전자 접촉기를 설명하지 않았기 때문에 위와 같이 프로그래밍을 하였다. 정상적으로 펌프가 가동하여 급수를 하면 일정 시간 안에 물탱크 수위 상한점에 도달하게 된다. 이를 이용하여 프로그래밍에 시간을 설정하여 이 시간이 지날 때까지 펌프가 가동 중일 경우 내부가 막혀 있거나 어떠한 원인으로 급수가 원활하게 안 된다는 것을 부저로 울려 사람에게 알리게 한 것이다(펌프의 공급 용량에 맞춰 시간 설정을 바꿔 주면 된다).

위의 프로그래밍을 하고 시뮬레이터를 사용하여 테스트해 보자. 부저가 울리고 난 후 시작 스위치(실렉트)를 다시 OFF시키면 리셋된다.

풀이 3

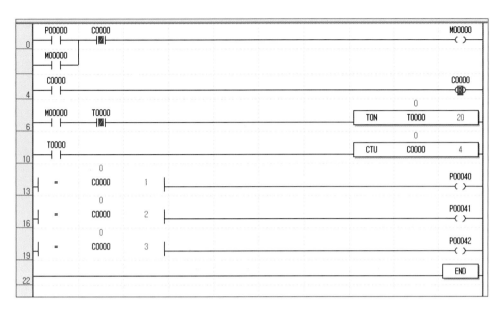

위 프로그래밍을 보면 이 책에서 배우지 않은 명령어가 있다.

우선 입력 방법은 F10 − [= C000 1] ➡ Enter 이렇게 입력하면 나온다. 이는 비교 명령어로 나중에 고급 과정에서 자세히 배우게 될 것이다.

명령어를 설명하자면 C000이 1과 같으면 동작한다는 뜻이다. = C000 2는 C000이 2가 되면 동작한다는 뜻이다. 한번 입력한 후 시뮬레이터를 사용하여 확인해 보자. 이와 같이 고급 명령어를 사용하면 보다 쉽게 프로그래밍을 할 수 있다.

XGT 사용자 중심

PLC 입문

2014년 1월 10일 1판 1쇄
2020년 4월 25일 1판 3쇄

편저자 : 최선욱
펴낸이 : 이정일

펴낸곳 : 도서출판 **일진사**
www.iljinsa.com

04317 서울시 용산구 효창원로 64길 6
대표전화 : 704-1616, 팩스 : 715-3536
등록번호 : 제1979-000009호(1979.4.2)

값 18,000원

ISBN : 978-89-429-1376-3